Hans-Georg Rabacher

La guía profesional
para auxiliares de vuelo

Todo lo que siempre quisiste saber
acerca de ser tripulante de cabina

Toda la información y las respuestas contenidas en este libro tienen únicamente fines informativos. Todo el contenido fue compilado con el debido cuidado. Los temas complejos se han simplificado en aras de la comprensión y la legibilidad, lo que significa que ni el autor ni el editor pueden asumir responsabilidad o garantía alguna por la integridad del contenido.

El libro se publicó bajo el título original *«Fliegen als Job! Alles über FlugbegleiterInnen»* en alemán. En la Biblioteca Nacional de Austria está disponible una ficha catalográfica de este libro. Todos los derechos están reservados, en particular los relacionados con la distribución, reproducción, almacenamiento y traducción de este contenido.

Algunos de los testimonios originales fueron traducidos para esta publicación. Por razones de privacidad, sólo se proporcionan los nombres, la nacionalidad y la edad de los entrevistados en el momento de la entrevista.

Copyright © Hans-Georg Rabacher
Editorial checkpilot™, Kottingbrunn, Austria

Traducción:	Thomas M. Philip
Corrección de estilo:	Andrea Gomez
Revisión:	Julen Diaz Zuriarrain
Portada e ilustraciones:	Liana Akobian www.lianaakobian.com
Autor:	Hans-Georg Rabacher www.checkpilot.com crew@checkpilot.com
ISBN Tapa blanda:	979-8-335606-72-1
ISBN Tapa dura:	979-8-335606-73-8

ÍNDICE

Prólogo - En casa, en el gran mundo — 7

PERFIL DE TRABAJO

Lo que necesitas para convertirte en auxiliar de vuelo — 13
Qué se espera de ti — 15
La personalidad importa — 18
¿Por qué esta carrera profesional? — 20
Requisitos médicos — 21
Apto para volar — 22
Prueba de calificaciones y otros documentos de respaldo — 25
Habilidades lingüísticas — 26
Requisitos de edad — 27
Requisitos de estatura — 28
Peso — 29
Una apariencia bien cuidada — 29
Buenos modales y etiqueta — 31

PROCESO DE RECLUTAMIENTO

¡Aplica un enfoque estratégico! — 35
¿Conoces el mercado laboral oculto? — 37
Elegir la aerolínea adecuada — 40
Aplicaciones de trabajo no solicitadas — 45
Vacantes — 46
Documentos de solicitud escritos — 48
Carta de presentación: ideas y consejos — 50
Escribir una solicitud: cómo estructurar el contenido — 52
Tu hoja de vida — 54
Redes sociales y presencia *online* — 56
Cómo destacarse en las campañas de contratación — 58
¿Qué pruebas puedes esperar? — 61
Ejercicios grupales en el proceso de selección — 63

Juego de roles - ¡Es más que un juego! 65
La psicología detrás de la entrevista 68
¡Por fin llegó la carta! 72

CAPACITACIÓN

Estándares internacionales 75
¡Preparados, listos, ya! ¡Que comience el entrenamiento! 75
Procedimientos estandarizados 78
Tu espacio de trabajo a bordo 80
Transporte de mercancías peligrosas 81
Aterrizaje de emergencia en el agua 82
Fuego y humo espeso 83
Pérdida de presión en cabina 85
Primeros auxilios y medidas de salvamento 86
Embarque completado:
    ¡que comience la demostración de seguridad! 89
Servicio de refrescos a bordo 92
Problemas a bordo 94
Emociones exacerbadas y resolución de problemas 96
Tripulación de cabina, por favor,
    ¡tomen asiento para aterrizar! 98
Entrenamiento de línea 99

EN EL TRABAJO

Auxiliares de vuelo a lo largo de los años 103
No hay dos días iguales 109
Las listas y la jerarquía de la tripulación 113
Vuelos de distancias cortas y medias 115
Vuelos de larga distancia 116
Número de auxiliares de vuelo a bordo 117
Cabina de los auxiliares de vuelo y cabina del piloto 118
Ventajas: lo positivo del trabajo 121
Desventajas: los aspectos negativos del trabajo 126

OPORTUNIDADES PROFESIONALES

Salario y beneficios	131
Escala profesional y perspectivas de futuro	134
Entrenar al entrenador	135
Programas para estudiar y volar	138
Auxiliares de vuelo VIP en un avión de negocios	139
Baja por embarazo y maternidad	143
Los hijos y la carrera profesional	144
Salud y estilo de vida	146
Plan B	150
Dedicatoria	153
Sobre el autor	155

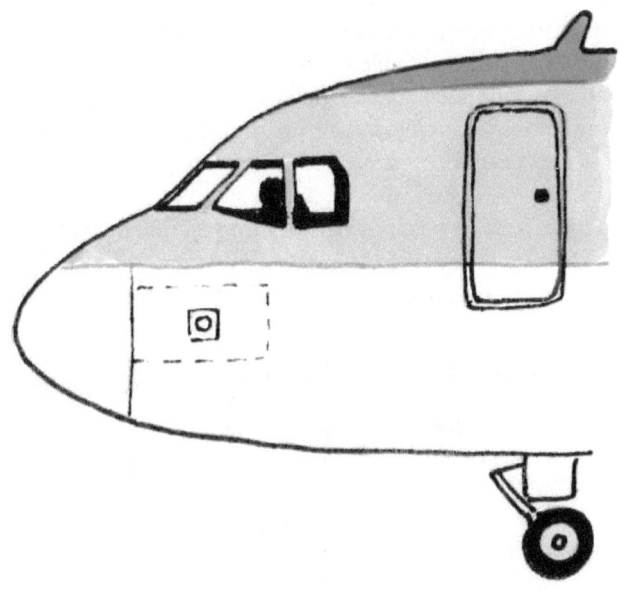

Prólogo - En casa, en el gran mundo

Los caminos que nos llevan al trabajo de nuestros sueños son tan diversos como las visiones que cada uno de nosotros tiene sobre la carrera perfecta. Cada uno intenta crear la mejor vida posible para sí mismo. La búsqueda del éxito, la felicidad y una sensación de satisfacción interior es lo que nos impulsa en la medida que avanzamos en nuestra carrera profesional. Y con razón, después de todo, pasamos más de la mitad de nuestra vida ejerciendo la profesión que elegimos.

Para muchos, trabajar algún día para una aerolínea es nada menos que un sueño hecho realidad. Viajar por el mundo y descubrir nuevas culturas es lo que hace que este trabajo sea tan especial. Imagínate ir todos los días a un trabajo que amas, y sentir siempre una profunda sensación de satisfacción. Simplemente, no hay palabras para describir eso.

A menudo, sólo tienes la oportunidad de echar un breve vistazo por la ventanilla de la aeronave, pero incluso entonces te sientes atraído inmediatamente por los cielos azules, los océanos aparentemente interminables y por los paisajes de una belleza impresionante. Este lugar de trabajo en los cielos abre un mundo en el que siempre hay algo nuevo que descubrir cada día.

Incluso la mera idea de pasar tu tiempo libre en una tierra lejana resulta atractiva. De vez en cuando, tendrás la oportunidad de ver monumentos históricos, descubrir y visitar lugares de interés mundialmente famosos o disfrutar de ciudades vibrantes y bulliciosas. A veces puedes tomar el sol en alguna playa y disfrutar de una refrescante zambullida en el mar. Cuando respiras el aire salado, sientes el viento en tu cabello y tus pies pisan la cálida arena, puedes relajarte por completo y sentirte libre.

A veces, incluso los tripulantes con más experiencia disfrutan de las pequeñas cosas. Por ejemplo, la vista desde una hermosa habitación de hotel, un paseo por las encantadoras boutiques de su destino, leer su libro favorito en el banco de un parque o disfrutar de un descanso rodeado de naturaleza. Y luego están los contactos que haces en el trabajo. Esos breves intercambios iniciales pueden convertirse en las más maravillosas amistades. Son las personas que podríamos terminar visitando en nuestros viajes, conocerlas incluso en los rincones más lejanos del mundo y compartir momentos que algún día se convertirán en unos de nuestros mejores recuerdos.

Si nos tomamos un minuto para imaginar las experiencias que están asociadas con este trabajo, cada uno de nosotros percibirá de un modo diferente lo que significa estar a bordo de una aeronave o cómo es trabajar para una aerolínea. Por supuesto, no hay nada bueno o malo porque cada aerolínea tendrá requisitos diferentes; sin embargo, lo que todas tienen en común es que la principal responsabilidad del personal auxiliar de vuelo es garantizar la seguridad de los pasajeros.

Para que los pasajeros se sientan cómodos y relajados mientras permanecen a bordo, algunas compañías aéreas ofrecen un concepto de servicio integral. Un servicio de primer nivel con un toque especial comienza con una cálida bienvenida. Los viajeros con movilidad reducida a veces necesitan ayuda a bordo, los niños disfrutan de distracciones amistosas y a los pasajeros temerosos se les ofrecen palabras reconfortantes y alentadoras. Durante el vuelo, también le corresponde a la tripulación crear un ambiente agradable, cálido y confortable. El olor a café recién hecho y servido con una sonrisa, una manta cómoda para abrigarse y tomar una siesta o unos auriculares para entretenerse a bordo, estas son sólo algunas de las muchas atenciones que los pasajeros aprecian. El equipo de auxiliares de vuelo está conformado por profesionales en los que los pasajeros de todas las edades confían para brindarles instrucciones, consejos y sugerencias.

Esta profesión brinda oportunidades para descubrir lo nuevo y desconocido y disfrutar de un sinfín de experiencias. El trabajo puede tener una rutina fija, pero nunca llega a ser monótono o aburrido. No hay dos días iguales, lo que lo convierte en una actividad llena de sorpresas.

Hay algunas cosas en la vida sobre las que no podemos influir. Pero son las historias las que importan, historias sobre nuestras experiencias que algún día les contaremos a los demás. Como auxiliar de vuelo, estarás en la posición ideal para hacer precisamente eso. Porque, en cada viaje que hagas, una gran cantidad de nuevas experiencias te esperarán. Este es un trabajo que abre nuevos horizontes y te enseña a derribar barreras. Encontrarás personas con ideas afines que sienten la misma pasión por volar y no pueden imaginar una vida fuera de la industria aérea.

Este libro está lleno de testimonios de personas expertas de todo el mundo que, al compartir sus experiencias, nos brindan una idea de los desafíos que conlleva esta ocupación. Ahora depende de ti decidir si un trabajo muy por encima de las nubes es el adecuado para ti.

¡Adelante, arriba!

Hans-Georg
Hans-Georg Rabacher

Preguntémosle a Ana,
una azafata de 34 años de Portugal.

«Mi vida dentro de una maleta».

«Cada vez que viajo a un lugar nuevo me siento como una niña. Nunca dejan de sorprenderme la multitud de recuerdos que voy creando o las personas que encuentro. Las ciudades, las playas y la naturaleza virgen despiertan en mí una profunda sensación de añoranza. Me siento muy agradecida de tener la suerte de contar con un trabajo que me permite tener la vivencia de esos lugares, y además, recibir remuneración por ello. En mi vida privada voy donde me lleve el viento, nunca planifico mis viajes con antelación, prefiero ser espontánea.

Como siempre estoy de viaje, sólo pago el alquiler de una pequeña habitación en Madrid. Además de ser esa mi residencia habitual, también es el lugar en el que guardo las pocas pertenencias que tengo. De vez en cuando paso por allí para asegurarme de que todo está en orden, pero no suelo quedarme mucho tiempo. El tiempo más largo que he estado viajando sin volver a casa, fue de cuatro meses exactamente.

Vivo literalmente con una maleta. Todo lo que quiero o necesito llevar conmigo cabe perfectamente en mi maleta. Saber que puedo moverme de un lugar a otro en un instante significa que puedo vivir todas estas aventuras inolvidables. Me hipnotizan totalmente las idílicas puestas de sol, el agua ondulante, los itinerarios inspiradores, magníficos jardines y las asombrosas maravillas naturales. Poder experimentar tantos contrastes diferentes en tan poco tiempo me atrae como una fuerza invisible. Hace poco, por ejemplo, pude hacer snorkel en una ensenada apartada. Era el típico día caluroso de verano, el mar estaba en calma y el agua era cristalina. Cuando llegó la noche y el pequeño pueblo de pescadores cobró vida. Los lugareños se reunieron en la plaza del mercado para disfrutar de un delicioso pescado a la parrilla y escuchar música a todo volumen. Ahora, estoy a punto de partir de nuevo camino a mi próximo destino. ¿Quién sabe qué estaré haciendo incluso mañana?, tal vez estaré paseando por un encantador casco antiguo y disfrutando de impresionantes vistas. Allí también encontraré un rinconcito en el que me detendré un momento, sólo porque me apetece.

Estoy segura de que llegará un momento en el que la vida será diferente, en el que sentaré cabeza y mi familia será el centro de mi mundo. Pero mientras no haya nadie en casa esperándome, puedo disfrutar de esta forma de vida. Vivo mi vida tal como quiero, sin preocupaciones y sin remordimientos de conciencia. Quién sabe, tal vez mi próxima aventura me lleve a algún lugar exótico».

Perfil de trabajo

Lo que necesitas para convertirte en auxiliar de vuelo

Las calificaciones que necesitas si solicitas un trabajo como futura auxiliar de vuelo realmente dependen de cada aerolínea. No existen estándares industriales ni requisitos laborales de aplicación universal. Si comparas diferentes aerolíneas, pronto verás cuán variados o incluso contradictorios son los requerimientos y estándares que cada una tiene. Además, dependiendo de las necesidades de personal, se sabe que las condiciones de ingreso al empleo cambian en esta industria. Por lo tanto, sin duda vale la pena consultar periódicamente las páginas de empleo de las aerolíneas.

Para tener la oportunidad de conseguir una plaza como aprendiz de auxiliar de vuelo, tendrás que demostrar que eres profesional, servicial y educada. Una apariencia elegante y un comportamiento cordial y amigable son igualmente importantes. Después de todo, los auxiliares de vuelo son considerados la imagen pública de la aerolínea.

El éxito de la aerolínea puede depender, hasta cierto punto, de tu ética personal de trabajo. Si los pasajeros se sienten bienvenidos y valorados cuando están a bordo, es más probable que vuelvan a volar con la aerolínea o al menos que la recomienden. No se debe subestimar la importancia de los comentarios positivos y de los pasajeros satisfechos, tanto para la reputación de la aerolínea como en lo que respecta al comportamiento de compra del consumidor. Para que la aerolínea logre este tipo de éxito, la inclusión es crucial, al igual que la apertura a otras culturas. Otra habilidad importante que es necesaria es la capacidad de aplicar un enfoque orientado a las soluciones para resolver conflictos y problemas a bordo. Los pasajeros siempre deben sentirse atendidos, esto es especialmente importante para aquellos que viajan en clase ejecutiva y en primera clase.

Quienes desempeñan la función de auxiliares de vuelo suelen estar de pie alrededor de catorce horas o más. Es posible que empieces tu rutina al amanecer o que tengas que comenzar tu turno a altas horas de la noche. A veces volarás durante el día, otras veces estarás en el aire toda la noche o al menos parte de ella. Los pasajeros requieren toda tu atención independientemente de la hora del día o de tu estado de ánimo. Independientemente de si se trata de tu primer o último vuelo del día, los pasajeros seguirán esperando el mismo nivel de servicio y de amabilidad. Es importante que la calidad de tu trabajo no se vea afectada por la cantidad de vuelos que hayas realizado ya ese día.

La seguridad también es primordial y una parte integral de la cultura corporativa de cualquier aerolínea. Si bien estas crean las condiciones generales idóneas para trabajar a bordo, le corresponde a la tripulación de cabina asumir la responsabilidad social de los pasajeros, de los demás miembros de la tripulación y de ellos mismos. Tan pronto como comienzan su formación, todas las personas que aspiran a convertirse en auxiliares de vuelo deben conocer al dedillo todas las normas y reglamentos para poder aplicarlos en cualquier momento de su trabajo diario. Sólo así se podrá alcanzar el nivel deseado y llevar a cabo los procedimientos necesarios de forma fiable y concienzuda, tal como les exige su empleador.

Al considerar una carrera como auxiliar de vuelo, no puedes dejar de tomar en cuenta el reducido espacio de las cabinas de avión. Cuando estés a bordo, no hay ningún lugar en el que puedas estar un momento a solas, y a algunos les resulta difícil esto. Los patrones irregulares de sueño y la alternancia de turnos diurnos y nocturnos también pueden afectar tu desempeño laboral. Los vuelos largos y las repetidas estancias en hoteles significan que tendrás que vivir con una maleta. La ausencia frecuente de casa puede ser agotadora y llevarte al límite.

Aun así, el trabajo también tiene muchos aspectos positivos. Implica realizar tareas agradables y apasionantes en un entorno de trabajo variado. Seguramente no te aburrirás y habrá experiencias que dejarán en ti una impresión duradera. Cada rastro de condensación que deja una aeronave es un recordatorio de que no hay dos días iguales. Volar es algo más que un simple trabajo. Quienes abandonan la profesión, por el motivo que sea, suelen hacerlo con sentimientos encontrados, llevándose consigo una gran cantidad de recuerdos emocionantes.

Preguntémosle a Hannah,
una azafata de 26 años del Reino Unido.

«Es más que un simple trabajo».

«Los empleadores esperan que des el 100 % en todo momento y te empujan para que rindas al máximo. Las primeras semanas fueron muy demandantes. Fue un trabajo duro procesar tanta información e implementarlo todo correctamente al mismo tiempo, en ocasiones, incluso fue demasiado a la vez. Ahora bien, no sabes realmente cómo es el trabajo hasta que subes a bordo por primera vez. Los primeros días se quedarán grabados en tu memoria para siempre, son intensos, pero también muy divertidos. Conoces a mucha gente nueva y algunos te acompañarán durante toda tu carrera profesional. Tus compañeros de trabajo se convierten en tus amigos, y en algunos casos, ¡incluso llegan a ser la dama de honor (o el padrino) de tu boda! Son momentos como estos los que te demuestran que ser una auxiliar de vuelo se trata de algo más que un simple trabajo. Puedo decir sin temor a equivocarme que trabajar en ello ha sido la mejor época de mi vida».

Qué se espera de ti

Un trabajo en el cielo no es, desde luego, un trabajo común y corriente. Si optas por esta carrera profesional, tendrás que ser una todoterreno, o al menos estar dispuesta a adquirir determinadas cualidades. No todo el mundo tiene la personalidad adecuada para este trabajo y eso es algo que las aerolíneas toman muy en cuenta.

En esta profesión es especialmente importante el trabajo en equipo, una buena relación laboral y una comunicación abierta entre los miembros de la tripulación de cabina. Apoyar a los demás miembros de la tripulación es prioritario en todo momento. Ser capaz de rendir a este nivel todos los días, día tras día, y en cualquier situación determinada, no es tarea fácil, especialmente teniendo en cuenta que la mayoría de las veces no se sabe quiénes serán tus compañeras de equipo hasta que comienza tu turno. Durante los preparativos del vuelo, hay poco tiempo para identificar las fortalezas y debilidades del equipo, y para resolver situaciones relacionadas con sus idiosincrasias.

Los auxiliares de vuelo deben tener una mentalidad abierta hacia los pasajeros y tolerar todo tipo de conductas. Incluso aquellos con comportamientos groseros y cuyos malos modales dejan mucho que desear, deben recibir el mismo servicio y ser atendidos con una sonrisa hasta el momento de abandonar el avión. Otra cualidad importante, además de poseer la paciencia propia de un santo, es tener la capacidad de no tomarte personalmente todo lo que se te dice.

Como una auxiliar de vuelo, debes procurar utilizar un discurso positivo y un lenguaje corporal que disipe las tensiones. Si el comportamiento ruidoso de un pasajero cruza la línea, la situación puede requerir un «No» firme, pero cordial. Puede que el cliente siempre tenga la razón, como dice el dicho; sin embargo, esto no le da carta blanca para ser irrespetuoso. Una interacción segura con extraños es esencial si deseas mantener la ventaja en todo momento, incluso en situaciones que puedan suponer un riesgo. Todo lo que ocurra a bordo de la aeronave deberá mantenerse bajo control en todo momento.

Como una auxiliar de vuelo, debes desempeñar muchas funciones diferentes a bordo de un avión: profesional de seguridad, vendedora, camarera, ser un oído amigable y consejera, todo a la vez. Para muchas aerolíneas, el servicio que se presta a bordo de sus aeronaves es una parte esencial de su cultura corporativa. Cuanto más se promocionen como proveedores de un servicio de alta calidad, mayores serán las expectativas de los pasajeros, estos querrán que se les atienda y se les mime en todo momento. Por lo tanto, se espera que los auxiliares de vuelo brinden un servicio amable, ofreciendo siempre una sonrisa y permaneciendo a disposición de los pasajeros durante todo el vuelo. Deben ser abiertos y accesibles, y atender las inquietudes y deseos de sus pasajeros cada vez que se les solicite.

La decisión de volar o no con una aerolínea puede depender en gran medida de lo integral que sea el servicio que ofrecen a bordo, por lo cual es muy importante que la tripulación de cabina tenga vocación de servicio y reconozca los deseos de las personas a bordo en todo momento. También es importante tener en cuenta que los pasajeros a menudo matan el tiempo observando a la gente, y la parte más llamativa de este trabajo es el momento en que se provee el servicio de comida y de bebidas a bordo.

Como una auxiliar de vuelo, debes ser capaz de trabajar bajo presión. Este trabajo es todo menos fácil, a veces es muy exigente física y psicológicamente. Pero un ambiente laboral positivo, mejora la situación, pues ayuda a afrontar mejor el estrés y les facilita el día a todos. Esto es especialmente cierto en el caso de turnos difíciles, como vuelos nocturnos o de fin de semana y vuelos en días festivos.

Esta ocupación requiere cualidades como diplomacia, autodisciplina, sentido de responsabilidad, empatía y flexibilidad. Una buena organización es tan crucial como una conducta orientada hacia las normas. Para asegurarse de que cuentas con estas características, tu nivel de madurez y tu comportamiento general es analizado minuciosamente durante el proceso de solicitud del empleo.

En cualquier caso, los clientes de cualquier aerolínea esperan contar con una tripulación competente, accesible y comprensiva, que les proporcione asistencia rápida y que sea capaz de resolver situaciones difíciles. Tu capacidad para demostrar que cuentas con todas estas cualidades para servir como asistente de vuelo tendrá un gran impacto tanto en la imagen que tú le proyectes a la aerolínea como la que esta proyectará en sus pasajeros, la cual se verá evidenciada en su satisfacción.

La personalidad importa

Para saber qué rasgos de personalidad buscará tu empleador, debes echarles un vistazo a las habilidades llamadas *soft skills*, estas pueden dividirse en tres categorías principales: personales, sociales y metódicas. En conjunto, estas le brindarán a la aerolínea una idea de tus fortalezas y de tu potencial en esta área.

Habilidades personales. Entre estas figuran la autenticidad, el carisma, el positivismo, la disposición para aprender, la tolerancia al estrés, la motivación, la confianza en ti mismo y el sentido de la responsabilidad. Al observar tu forma de actuar, tus actitudes y tu gestualidad, los evaluadores de la aerolínea podrán hacerse una idea de cuál será tu desempeño en el trabajo diario.

> «Como miembros del comité de selección, no debemos perder de vista el panorama más amplio. Si no reclutamos nuevos empleados por un período más largo de tiempo, terminaremos teniendo una brecha generacional. Además de la experiencia de vida, también prestamos especial atención a la personalidad de los solicitantes».
> Mary, 42 años, EE. UU.

Habilidades sociales. Estas tienen que ver con cómo interactúas con los demás. Las características específicas que entran en esta categoría a menudo pueden encontrarse en las descripciones de puestos de trabajo que utilizan palabras de moda como capacidad de trabajo en equipo, habilidades de comunicación, atención a los detalles, buenos modales y habilidades de liderazgo. Por lo tanto, es recomendable que hagas referencia específica de estos aspectos en tu solicitud de empleo. Estas habilidades son cruciales para seleccionar a los miembros que formarán parte de una de tripulación de cabina, pues la capacidad de empatizar y saber tratar con las personas se consideran cualidades indispensables en este entorno de trabajo.

Quienes tienen problemas para interactuar con personas de otras culturas no realizarán sus tareas cotidianas de manera satisfactoria e incluso podrían responder de manera inapropiada.

Habilidades metódicas. Estas se refieren a si abordas las tareas de manera estructurada y si eres capaz de encontrar soluciones adecuadas a los problemas. De tu solicitud de empleo la compañía aérea podrá deducir qué tan hábil eres en esta área. Un CV y una carta de presentación claros y completos indicarán qué tan enfocado y organizado es tu trabajo.

Mientras que las habilidades blandas o *soft skills* se refieren a las fortalezas o cualidades que necesitarás para el trabajo, las habilidades duras es el término utilizado para referirse a las competencias laborales formales, es decir, aquellas que se adquieren a través de programas de desarrollo y capacitación académicos o corporativos. Estas incluyen amplios conocimientos generales, nociones básicas de la industria de viajes y turismo, conocimientos de administración de empresas, conceptos básicos de hostelería (por ejemplo, gastronomía), así como buenos conocimientos de idiomas extranjeros.

Ahora bien, si no cumples con todos los criterios laborales requeridos, no debes permitir que eso te impida presentar tu solicitud. Es perfectamente normal no marcar todas las casillas ni tener experiencia en todas las áreas. La mayoría de los solicitantes estarán en la misma situación que tú, y las compañías aéreas son conscientes de que cualquier carencia o competencia que te falte puedes aprenderla, adquirirla y mejorar mediante la capacitación apropiada. De hecho, tu futuro empleador está preparado para eso y te proporcionará un programa de capacitación para empleados que te ayudará a sentar bases sólidas para el trabajo y cualquier tarea que te espere.

Solicitar un puesto como auxiliar de vuelo te será de gran utilidad, aunque sólo sea para ver cómo una aerolínea califica tus habilidades. Los comentarios que recibas pueden ser muy provechosos para futuras solicitudes de empleo e incluso para incursionar en otros sectores, y pueden ayudarte a mejorar tus perspectivas laborales.

¿Por qué esta carrera profesional?

Durante el proceso de solicitud, la compañía aérea querrá saber más sobre tus motivos personales. ¿Cómo llegaste a elegir esta carrera? ¿Qué intereses y habilidades tienes? ¿Estás hecho para trabajar en equipo o prefieres hacer tus propias labores sin ayuda? ¿Los turnos y periodos de descanso resultan ser lo que esperabas y son compatibles con tu vida diaria? ¿Qué tan importante es para ti el aspecto financiero? ¿Eres flexible y estás abierto al cambio? ¿Cuáles son tus objetivos profesionales a largo plazo?

> «Habla desde el corazón».
> Jasmín, 19 años, República Checa.

Estas consideraciones te ayudarán a trazar tus expectativas y a tener claros los deseos de tu corazón. Para tener éxito en el proceso de solicitud, debes demostrar tu dedicación personal a esta carrera profesional. Cuanto más auténtica seas y más muestres de ti misma, más probabilidades tendrás de ser seleccionada. No te dejes intimidar por las innumerables respuestas supuestamente correctas que encuentres en Internet. A menudo es mejor no utilizar esas frases estandarizadas, sino hablar desde el corazón.

Preguntémosle a Silvia,
una azafata de 37 años procedente de Nigeria.

«Después de seis años, mi deseo finalmente se hizo realidad».

«Yo era sólo una joven que no tenía miedo de tener esperanzas y sueños. De donde vengo, no es fácil convertirse en auxiliar de vuelo, aunque es lo que sueñan muchos jóvenes. Como la mayoría de las personas, no tenía suficiente dinero como para costearme la formación en una de las academias privadas. Sin embargo, mis padres me apoyaron en mi decisión, lo único que siempre quisieron fue que tuviera un buen trabajo.

Para poder acceder a la formación en una aerolínea sin tener que pagarla, decidí ir a una escuela de informática y trabajar para una empresa de tecnología de información. Durante el tiempo que transcurrió para que se materializara el trabajo de mis sueños, pasé mucho tiempo investigando, no quería perder ninguna información o las últimas novedades. Mis pensamientos siempre estuvieron enfocados en lo que quería tener y lo que deseaba lograr en la vida. En mi mente me veía trabajando para una de las mejores aerolíneas y, después de seis largos años, mi más profundo deseo se me concedió y conseguí un puesto en una aerolínea de renombre. Desde entonces, mis padres han seguido cada uno de mis pasos con entusiasmo. ¡Están encanta-dos de verme feliz! Sin duda, son mis mayores animadores.

Aún hoy en día, muchas mujeres jóvenes me solicitan información de contacto, y me piden consejo para cumplir sus sueños ellas también. Yo siempre les digo: ¡Simplemente envíen solicitud tras solicitud! Si tienes un sueño, ¡no lo tires al viento!».

Requisitos médicos

Los médicos examinadores aéreos, también conocidos como examinadores aeromédicos (AME, por sus siglas en inglés), son los principales responsables de la salud y el bienestar del personal de las compañías aéreas, así como de determinar si el personal de la tripulación, incluidos pilotos y auxiliares de vuelo, están en condiciones de volar. Los detalles de estas evaluaciones médicas están regulados por normas internacionales, aunque en la práctica a menudo existen diferencias importantes, porque estas normas sólo contienen directrices mínimas. En realidad, las compañías aéreas suelen determinar por sí mismas el alcance de los controles médicos. Dicho esto, la salud y el bienestar general siempre son lo primero.

Los controles periódicos tienen como objetivo prevenir el desarrollo o la progresión de enfermedades. Si hay indicios de que un empleado puede correr el riesgo de dejar de estar apto para el trabajo, se le ofrece tratamiento para evitar esto. De hecho, el tratamiento de las dolencias relacionadas con la edad es especialmente importante para garantizar que los empleados mayores se mantengan en forma para volar. Las aerolíneas más grandes suelen tener sus propios departamentos de medicina aeronáutica que pueden utilizarse como un punto de contacto para todo tipo de problemas de salud. Las compañías que no cuentan con este departamento suelen trabajar con examinadores médicos aeronáuticos autorizados que son consultados cuando surge la necesidad.

Apto para volar

Cuando te sometes a un examen médico, tu expectativa es que este demuestre que gozas de buena salud general. Antes de que tanto tú como cada miembro de la tripulación de cabina puedan comenzar a trabajar, se les debe emitir un informe médico que confirma que están facultados para surcar los cielos. Los costos que conlleva tu certificado los deberás pagar de tu propio bolsillo o puede que los cubra tu futuro empleador. Se te pedirá que completes un formulario que revele cualquier condición médica preexistente y en ningún caso debes ocultar dolencias físicas, síntomas o tratamientos médicos de larga duración. Este formulario servirá de base para la posterior evaluación y entrevista con el médico.

El chequeo médico se centra en determinadas zonas del cuerpo que, de no funcionar correctamente, afectarían directamente tu capacidad para hacer tu trabajo de manera efectiva. Es importante que no padezcas ninguna enfermedad física o mental que pueda impedirte desempeñar tus funciones con seguridad. Además de las limitaciones físicas graves, se incluyen también enfermedades crónicas, heridas abiertas, efectos secundarios de procedimientos quirúrgicos, así como trastornos congénitos y adquiridos.

En lo que respecta a la agudeza visual, los umbrales varían, al igual que la medición de dioptrías máxima permitida. Cada compañía aérea tiene sus propias directrices y criterios de elegibilidad. Se pueden utilizar gafas y lentes de contacto, por lo que tener una visión defectuosa no suele ser motivo para decidir renunciar a una carrera en el sector de la aeronáutica.

«Cuando conduces un automóvil, puedes detenerte y orillarte a un lado de la carretera si no te sientes bien. Cuando volamos, no tenemos esa opción».

Suleiman, 23 años, Egipto

Por el contrario, las afecciones y lesiones en los oídos, nariz y garganta son reguladas más estrictamente. Los daños en el canal auditivo pueden provocar molestias dolorosas cuando se iguala la presión durante el despegue y el aterrizaje. Por esta razón, hay que descartar infecciones de oído. Esto también aplica para las enfermedades respiratorias de todo tipo. La función pulmonar no debe estar comprometida de ningún modo, como puede ocurrir con determinadas alergias, por ejemplo. Si se sospecha que una alergia u otra enfermedad pudiera causar algún tipo de impedimento durante un servicio de vuelo, eso será un claro motivo para ser descartado para ejercer una carrera en la industria aeronáutica.

Es responsabilidad de cada individuo mantenerse en forma y saludable. Agacharse y levantar cargas pesadas constantemente ejerce fuertes presiones sobre diferentes partes del cuerpo y afecta la salud. No hacer suficiente ejercicio también puede tener un impacto negativo en el sistema musculoesquelético. El estrés, una mala nutrición, la obesidad, la falta de ejercicio y el tabaquismo tienen un efecto negativo sobre los sistemas cardiovascular y respiratorio. Dados los diversos factores de riesgo asociados a una mala salud general, tu consulta médica también incluirá consejos y sugerencias sobre cómo integrar suficiente ejercicio en su vida laboral diaria.

Sólo se permiten medicamentos que no interfieran con las tareas operativas de vuelo. A diferencia de lo que ocurre en tierra, algunos medicamentos pueden tener efectos no deseados mientras se está en el aire. Las diferencias de aceleración, la baja presión ambiental, la altitud, la humedad reducida y los cambios climáticos pueden afectar la eficacia de algunos medicamentos. Cualquier deterioro del bienestar físico tendrá un impacto directo en el rendimiento y la velocidad de reacción de la persona afectada.

Con sobrada razón, las sustancias adictivas están sujetas a normas estrictas para no poner en peligro la seguridad de los pasajeros a bordo de la aeronave. El uso de drogas o sustancias controladas está estrictamente prohibido y es punible en virtud de la legislación laboral e incluso de la legislación aeronáutica. La persona que incurra en desacato de estas leyes, además de ser despedida y multada, también corre el riesgo de infringir directamente las leyes del país anfitrión, lo cual podría resultar en sentencias de prisión de varios años o incluso peores. Para evitar esto, a quienes se preparan para ser auxiliares de vuelo se les informa exhaustivamente la prohibición del consumo de estas sustancias al comienzo de su carrera. En relación con esto, algunas aerolíneas realizan análisis de sangre obligatorios para descartar la posibilidad no sólo de la presencia de sustancias prohibidas, sino también de infecciones y enfermedades como el VIH entre su personal.

Teniendo en cuenta el considerable estrés y esfuerzo que conlleva viajar en avión, una infección por VIH debilitaría aún más el organismo. Dado lo importante que es la seguridad en medios de trabajo como este, las normas son muy estrictas a la hora de decidir qué tipo enfermedades son consideradas como no limitantes para ejecutar las labores sin poner en riesgo la seguridad y cuáles no, para una persona con VIH una carrera en la industria aeronáutica sólo es posible si lo autoriza un médico examinador aéreo y con el conocimiento de la compañía.

En general, las personas que trabajan como auxiliares de vuelo son más propensas a sufrir enfermedades y lesiones relacionadas con el trabajo que los empleados de otras profesiones. Trabajar en una aeronave es agotador y a largo plazo puede debilitar el sistema inmunológico. Estar de pie la mayor parte del tiempo de vuelo es extenuante y sobrecarga las articulaciones, los músculos y la columna. También se necesita fuerza y resistencia para guardar equipaje pesado en los compartimentos superiores y empujar carritos, a veces muy cargados, a lo largo de la cabina. Y como si este esfuerzo fuera poco, el cuerpo también tiene que ser capaz de hacer frente a horarios de trabajo en constante cambio y a diferentes zonas horarias y climáticas.

Prueba de calificaciones y otros documentos de respaldo

Las aerolíneas normalmente exigen que proporciones documentos de respaldo que acrediten las habilidades o calificaciones adquiridas hasta la fecha. Las copias de los certificados de estudios, formaciones o títulos universitarios se presentan previamente junto con el CV; alternativamente, los originales se presentan personalmente el día de la entrevista. Como regla general, los diplomas, certificados y otros documentos sólo deben presentarse si son realmente relevantes para el futuro empleador.

Si tienes experiencia laboral previa, es recomendable adjuntar referencias y cartas de recomendación. Mencionar como referentes a personas que trabajan para la aerolínea a la que estás postulando pudiera darle ventaja a tu solicitud. Si quieres trabajar en un país en el que necesitarás un permiso de trabajo, preséntalo al comienzo del proceso de solicitud para poder optar al puesto anunciado.

> «En EE. UU. no sólo se necesita un número de seguridad social o SSN para poder trabajar. También tienes que indicarlo en muchos otros formularios y solicitudes».
> Haley, 21 años, Estados Unidos.

En algunos casos, es posible que debas enviar pruebas adicionales de ciudadanía o una copia de tu acta de nacimiento. Documentos como estos suelen formar parte de los controles oficiales de seguridad y personales necesarios para que la aerolínea emita identificaciones con fotografía, tarjetas de identificación de la tripulación o autorizaciones de acceso en caso de que tu solicitud sea exitosa. Las personas que trabajan en el servicio de vuelo deben ser fiables y dignas de confianza. Por esta razón, a menudo se realiza una verificación de antecedentes, asegurando que no se oculten antecedentes delictivos, delitos relacionados con el consumo de alcohol y las drogas o condenas penales. Los certificados de conocimientos informáticos se exigen con menor frecuencia, ya que las compañías aéreas suponen desde hace algún tiempo que los solicitantes ya poseen conocimientos básicos de informática. La inclusión en tu solicitud de estudios de idiomas y estancias más largas en el extranjero no te eximirá de tener que acreditar tus conocimientos de lenguas extranjeras. Sin embargo, puede tener un impacto positivo en el resultado de tu solicitud. Lo mismo se aplica a los certificados de primeros auxilios o de formación profesional en natación, que son invariablemente beneficiosos.

Habilidades lingüísticas

Prácticamente en ninguna otra profesión te enfrentarás a tantos idiomas diferentes como en la industria aeronáutica. De hecho, cuantos más idiomas hables, más valiosa serás como miembro del personal. Además del inglés, los otros idiomas oficiales reconocidos por la comunidad internacional de la industria aeronáutica para este trabajo incluyen el español, el francés, el árabe, el ruso y el chino.

Aparte de las compañías aéreas que sólo operan vuelos nacionales en los que el idioma nacional es suficiente para realizar las labores cotidianas, se considera un requisito imprescindible un buen dominio del inglés. Este es indispensable tanto para el entendimiento intercultural como para una buena comunicación a nivel internacional. Los pasajeros no sólo esperan que un miembro de la tripulación de cabina hable otros idiomas, sino que, lo que es más importante, también esperan que los anuncios sean claros y fáciles de entender. Sin embargo, personalmente para ti el dominar un idioma extranjero también te ayudaría a ser una mejor auxiliar de vuelo. Cuanto mejores sean tus habilidades lingüísticas, más fácil te resultará desenvolverte en las situaciones cotidianas de los aeropuertos y hoteles, resolver problemas y apreciar plenamente las maravillosas ciudades que podrás visitar.

> «Los manuales pueden estar escritos en mi idioma nativo, el español, pero esperan que puedas hablar también en inglés. Es imprescindible en esta profesión».
> Ángela Dariana, 27 años, Perú.

Las compañías aéreas creen firmemente que dominar un idioma extranjero significa estar familiarizado con la cultura correspondiente, pues eso facilita la interacción y la comprensión con personas de otras latitudes. Esta es una de las razones por las que los solicitantes que dominan mejor otros idiomas, al menos el inglés, suelen ser los seleccionados para el trabajo.

Si tienes conocimientos de otros idiomas además del inglés, no olvides mencionarlos en tu CV. Si has sido criado como una persona bilingüe, es probable que cuentes con cierta ventaja en el proceso de solicitud y deberías aprovecharla. Si tienes conocimientos de inglés, optar por mejorarlo en lugar de aprender un segundo idioma más desconocido para ti sería la mejor estrategia.

Requisitos de edad

Otro tema muy controvertido es la diferencia que existe en cuanto a los límites de edad que deben tener los miembros de la tripulación de cabina. Si bien existe un consenso general de que la edad mínima debe ser de 18 años (en algunos casos, 21), la edad máxima difiere de un país a otro. Aunque la edad de jubilación suele basarse en la normativa nacional, esto también puede ser regulado según acuerdos especiales con cada compañía aérea.

En algunos lugares, este problema se soluciona con la ayuda de contratos temporales de trabajo que permiten sustituir rápida y fácilmente a los empleados de más edad por otros más jóvenes. Estos contratos expiran automáticamente al cabo de cinco años, por ejemplo, y pueden prorrogarse por períodos limitados adicionales, lo cual faculta a la aerolínea para mantener abiertas todas sus opciones. Aunque esta práctica la utilizan principalmente las aerolíneas asiáticas, también se pueden encontrar ejemplos similares en otras regiones del mundo. Muchos empleados simplemente aceptan la incertidumbre que conlleva este tipo de contratos y viven con la expectativa de no saber qué les deparará el futuro a nivel profesional o financiero cuando su contrato expire.

Requisitos de estatura

Para poder trabajar en la cabina de un avión es necesario cumplir con ciertos requisitos de estatura. Esto se debe a que el limitado espacio disponible debe utilizarse de forma eficaz. Generalmente, las compañías aéreas aceptan solicitantes con estaturas que oscilan entre 1,65 y 1,85 metros. En caso de dudas, deberías consultar directamente en la compañía, ya que estas son sólo estimaciones aproximadas.

El requisito de estatura mínima se establece para garantizar que se pueda alcanzar fácilmente los compartimentos superiores de modo que se pueda ayudar a los pasajeros a guardar su equipaje de mano correctamente y cerrar estos compartimentos antes del despegue. Además, el diseño compacto de la cocina implica que algunos de los utensilios se encuentran en los cajones superiores de los armarios que van desde el suelo al techo de la cabina y es necesario poder acceder a ellos fácilmente.

Tampoco es raro que se les exija una estatura máxima a los solicitantes. Los aviones más pequeños tienen una altura de cabina más baja debido a su fuselaje más corto. Si la persona es demasiado alta, no podrá caminar erguida a lo largo de la cabina, lo cual dificultaría su trabajo.

Peso

Este es un tema prácticamente imposible de dilucidar en las compañías aéreas, ya que muy pocas divulgan sus directrices internas en cuanto a esto. Para algunas, «una figura perfecta» forma parte de su concepto estético general y, en consecuencia, es un requisito importante para ellos, mientras que otras lo consideran una discriminación contra las personas que tienen una estructura corporal diferente.

Sin embargo, lo que es importante tener en cuenta es que los problemas que a menudo puede ocasionar el que alguien tenga un peso inferior a lo normal por desnutrición, trastornos alimentarios o enfermedades crónicas graves, pueden incapacitarlo para volar, mientras que tener un par de kilos de más no causará mayores inconvenientes en la salud de inmediato. Aunque, aquellos que ganen demasiado peso a lo largo de su carrera no deben sorprenderse si se les aconseja ponerse a dieta.

Dicho todo esto, no hay necesidad de preocuparse. La mayoría de las aerolíneas no juzgan a las personas candidatas por su apariencia externa, sino por sus habilidades y capacidades. Lo más importante es que sea capaz de soportar el esfuerzo físico que supone volar y que esté capacitado para ayudarse a sí mismo y a otros en caso de emergencia.

Una apariencia bien cuidada

Durante el proceso de solicitud, particularmente, existe mucha presión en cuanto a lucir elegante, se debe usar la ropa adecuada para causar una impresión general positiva. Tu atuendo debe crear una imagen perfecta, aunque sin ser demasiado llamativo como para distraer. Elije el vestuario indicado que refleje el profesionalismo que se espera para el puesto. Los ajustes perfectos que favorezcan cada parte de tu cuerpo y te hagan sentir cómoda con tu ropa son esenciales.

Sin embargo, la industria aeronáutica es más bien conservadora, de modo que, debes tener esto en cuenta a la hora de elegir tu vestuario. Los atuendos reveladores, extravagantes, llamativos o exigerados no son recomendables para una entrevista de trabajo, de hecho, se consideran inapropiados. Los trajes sexis con escotes pronunciados, minifaldas veraniegas, tops cortos o camisetas ajustadas, ropa informal o incluso vestidos de noche no son los atuendos más indicados para una entrevista de trabajo. Debes buscar proyectar una imagen más formal o elegante, de negocios. Procura usar zapatos cerrados y si decides comprarlos para la entrevista, asegúrate de usarlos antes y confirmar que te resultan cómodos, nada es más desagradable que tener adoloridos los pies, y esto incluso podría privarte de la concentración que necesitas para tu entrevista.

Es importante que te presentes con un aspecto lo más prolijo que puedas, vestir ropa limpia y llevar el cabello recién lavado y peinado te darán la apariencia bien cuidada que necesitas. Los solicitantes masculinos deben afeitarse antes de la entrevista. Los piercings y tatuajes visibles suelen considerarse un problema, si es posible, es mejor ocultarlos elegantemente o eliminarlos por completo. Hay compañías aéreas que no tomarán la decisión de contratar a un candidato o candidata sin antes conocer qué tipo de arte corporal prefieren usar.

A aquellas que no quieran renunciar a sus joyas, se les recomienda elegir piezas que combinen con el atuendo elegido para la entrevista. Los anillos, pulseras y collares grandes y llamativos se consideran inadecuados. Los accesorios discretos y atemporales suelen ser más adecuados para crear la apariencia general que buscas proyectar. Un maquillaje ligero y manos bien cuidadas con uñas limpias, completarán tu aspecto profesional tanto para la entrevista como para el trabajo diario.

Buenos modales y etiqueta

Un trato agradable y cordial repercute positivamente en el ambiente de trabajo. De hecho, una buena relación entre los miembros de la tripulación es una de las claves del éxito en lo que respecta al desempeño laboral y a la reputación que estos proyecten de la aerolínea. Esta es una de las razones principales por las que existe un código de conducta que las personas que son miembros de la tripulación deben recordar y seguir.

En primer lugar, observar una buena conducta implica lealtad hacia tu empleador y los demás miembros de la tripulación. Se trata de comprometerse a asumir tareas y juntos superar los desafíos, que formen un equipo construido sobre la base de la confianza mutua. Una compañía aérea debe poder confiar en que sus empleados trabajarán juntos en pos de alcanzar los objetivos corporativos, incluso en los lugares más remotos. Esto incluye cumplir con sus tareas sin necesidad de ser supervisado constantemente y estar preparado para dejar de lado sus propios intereses por el bien del equipo. Una buena conducta también incluye la discreción y el respeto por la confidencialidad. Siendo una auxiliar de vuelo, tendrás acceso a información interna de la empresa, incluidos los datos confidenciales de los pasajeros. Como podrás imaginar, el uso indebido de esta información podría tener graves consecuencias, por eso todas las aerolíneas les exigen integridad a sus empleados.

> «Tus rasgos faciales pueden irradiar calidez y amabilidad, o exactamente lo contrario. Procura que tus expresiones faciales sean amables y amistosas en todo momento».
> Verena, 23 años, Suiza.

En tu vida privada, llegar tarde puede causar un poco de irritación, pero en esta profesión puede tener consecuencias de gran alcance a veces. Cuando los preparativos del vuelo no pueden completarse a tiempo, habrá algo más que pasajeros furiosos, porque el tiempo es oro y cada retraso le cuesta caro a la aerolínea. La puntualidad es el principio y el fin de todo en la industria aeronáutica, es lo más importante y esto concierne a los empleados. En las operaciones diarias de vuelo, ya existen suficientes factores que pueden retrasar una salida programada, sin embargo, las tormentas que retrasan sus operaciones están fuera del control de las aerolíneas, por eso es aún más importante para ellos poder confiar en sus empleados, esto incluye, por ejemplo, llegar a tiempo a los aeropuertos. Tú y tus compañeros de tripulación deben estar esperando frente al hotel a la hora acordada para recogerlos. Si llegas demasiado tarde, no sólo tú te estarás perjudicando, sino también a todos tus compañeros y a los pasajeros.

En cuanto al trato de los pasajeros, cualidades como buenos modales, confiabilidad, consideración y cortesía son el mínimo absoluto que se exige. Los pasajeros a bordo esperan una apariencia apropiada de las auxiliares de vuelo y ven ello como un reflejo del nivel de profesionalismo de la aerolínea. Además, los buenos modales te proporcionan una autoridad natural que te será de gran utilidad en muchas situaciones.

Proceso de reclutamiento

¡Aplica un enfoque estratégico!

Cuando las compañías aéreas buscan nuevos tripulantes de cabina, recurren a las plataformas habituales, colocan anuncios en línea y en periódicos y lo anuncian en televisión y radio. Estos anuncios típicos pueden encontrarse en sitios web externos de búsqueda de empleo, así como en los propios de las aerolíneas. Algunos también delegan la búsqueda de nuevos empleados a agencias de contratación que actúan como intermediarias entre los solicitantes y la compañía. Sin embargo, una empresa externa de este tipo no tiene por qué ser una desventaja para ti. Por el contrario, estas agencias trabajan sobre la base del pago por desempeño y tienen un interés sustancial en que se les ofrezca un contrato de trabajo.

En el mundo actual, el éxito profesional ya no es sólo una cuestión de suerte. Por supuesto, una buena dosis de suerte no hace daño y puede colocarte en el lugar correcto en el momento adecuado. Pero, en general, una carrera profesional exitosa implica trabajo duro, cierta cantidad de habilidades y preparación para enfrentar los desafíos de forma inteligente. Si quieres asegurarte de que tu búsqueda de empleo sea más que una cuestión de espera, esperanza y suerte, es necesario que adoptes un enfoque estratégico. El mercado laboral tiene mucho que ofrecer, por lo que con un poco de paciencia se abrirán oportunidades para todos los solicitantes. Lo importante es reconocer y aprovechar las oportunidades que se presentan.

> «El momento perfecto para comenzar una carrera como auxiliar de vuelo es cuando eres joven. Hay muchas oportunidades interesantes y el salario inicial también es bastante atractivo».
> Jacqueline, 39 años, Bolivia.

Como la mayoría de las industrias, la aeronáutica evoluciona rápidamente. Los tipos de relaciones laborales han cambiado varias veces a lo largo de los años, al igual que las normas que rigen este trabajo. Si no estás atenta, puedes perderte las últimas novedades. Por eso es importante mantenerse actualizada y estar atenta a lo que sucede en la industria. Si no estás bien informada, las oportunidades profesionales lamentablemente pueden pasarte de largo. Si vas a trabajar en la industria aeronáutica, debes estar preparada para cambios y ajustes constantes, pues es parte integral del trabajo. Para poder evaluar cuáles son las principales tendencias del mercado laboral a cada momento, debes observar de cerca su evolución e investigar.

Pero no basta con estar atenta a las últimas tendencias del mercado laboral. Las aerolíneas son mucho más que proveedores de servicios en el sector del transporte. Ante todo, son empresas orientadas a la tecnología, por eso lo mejor es estar siempre al tanto y mantenerse al día con las últimas innovaciones tecnológicas. Estar familiarizado con los ordenadores o *tablets* ya no es una ventaja, sino un requisito previo. Las listas de turnos, la información de vuelos y las planillas de horarios son sólo algunas de las cosas que ahora se intercambian entre la empresa y el empleado a través de ordenadores privados o teléfonos móviles casi por defecto.

Postularse para un puesto de trabajo implica aceptar desafíos y aventurarse en una carrera profesional diferente y, a menudo, desconocida. El coraje, la determinación, la perseverancia y el pensamiento positivo pueden abrir las puertas a una nueva carrera.

Haz un esfuerzo consciente para dejar atrás viejos hábitos y atrévete a probar algo nuevo, pues incluso si estos comportamientos te sirvieron en el pasado, no significa que te garantizarán el éxito en el futuro. Por el contrario, estos patrones de pensamiento y estrategias a menudo resultan del miedo a lo desconocido y pueden terminar significando que no estás dando lo mejor de ti.

No permitas que circunstancias externas o incluso ideas preconcebidas te disuadan de presentar tu solicitud. En lugar de eso, ten la confianza y el coraje para descubrirlo por ti misma. En Internet, y a veces incluso en los medios de comunicación, encontrarás informes negativos sobre cada empresa que pueden hacerte dudar del camino que has elegido. Así como informes entusiastas de los medios de comunicación harán que el público tenga en alta estima a algunas compañías aéreas, otras pasarán desapercibidas. No te apresures a descartar estas empresas como potenciales empleadores: tu futuro empleador bien podría ser una de estas aerolíneas menos conocidas, pero sólo lo descubrirás si aplicas. Al fin y al cabo, quien no arriesga no gana nada.

¿Conoces el mercado laboral oculto?

Cuando buscas trabajo, no es difícil adivinar que desearías estar en el radar de tu empleador preferido, pero esto no siempre se cumple y hay que buscar alternativas. Es útil saber que muchos de los trabajos disponibles en realidad no se anuncian. En otras palabras, hay trabajos justo delante de tus narices que no puedes ver porque no sabes qué buscar.

En general, resulta útil vigilar de cerca el mercado laboral. Esto puede hacerse de diversas maneras; por ejemplo, consultando los sitios web de las agencias de contratación que ponen en contacto a los solicitantes profesionales y a las empresas, y examinado periódicamente la información relevante del sector. También puedes consultar las redes sociales y los periódicos locales. Las revistas de negocios informan sobre los planes de crecimiento y la puesta en marcha de nuevas aerolíneas, y también pueden proporcionar información sobre nuevas ofertas de trabajo. También puedes consultar los directorios de expositores en ferias y eventos de aviación para obtener datos de contacto de las empresas menos conocidas.

Uno de los consejos más valiosos siempre ha sido establecer contactos con personas de la industria. Ahí puedes obtener consejos invaluables, testimonios personales y conocimientos internos que te acercarán un paso más a tu objetivo profesional. También puede ser la forma de enterarse de un trabajo que no se anuncia públicamente. Las pequeñas y medianas empresas, por ejemplo, que buscan reducir al mínimo los costos y el esfuerzo organizativo, suelen contratar a través de contactos directos o redes personales. Si deseas establecer contactos con quienes están al tanto de esto, puedes utilizar las redes sociales para relacionarte con personas de la industria. También puedes seguir los canales oficiales de las aerolíneas en las redes sociales para enterarte directamente de las ofertas de trabajo.

No te centres únicamente en las empresas grandes y conocidas, también puedes buscar específicamente aerolíneas más pequeñas o que se especialicen en diferentes ámbitos, por ejemplo, en viajes en *jets* privados y de negocios o las que operan vuelos chárteres. En rutas cortas y de menor volumen, encontrarás aerolíneas que atienden el mercado con aviones comerciales más pequeños. Estas empresas se especializan en vuelos locales y regionales y suelen tener flotas pequeñas y un número reducido de empleados y destinos de vuelo. La escasa demanda en este nicho de mercado significa que tendrás menos competencia. En este tipo de entorno laboral, las rutas de vuelo rara vez cambian, pero tendrías horarios de trabajo más regulares y tiempo libre más predecible. Estas empresas no pueden competir con las aerolíneas internacionales en lo que respecta al reconocimiento de marca o al número de pasajeros, factores que afectan el número de solicitantes y lo cual significa que esta podría ser tu oportunidad de conseguir un trabajo.

A diferencia de los vuelos regulares, las aerolíneas tipo chárter no vuelan a sus destinos según un horario fijo. Cuándo y dónde vuelan estas aeronaves lo decide el cliente y únicamente el cliente. En muchos casos se trata de operadores turísticos que llevan a su clientela a diferentes destinos en función de viajes organizados, un modelo de negocio que resulta bastante lucrativo, especialmente en temporada alta. Este incluye lo que se conoce como vuelos chárteres ad hoc, en los que se reserva un avión con tripulación para vuelos especiales de última hora o puntuales.

Otra oportunidad para hacer carrera en la industria aeronáutica es trabajar en el transporte corporativo, por ejemplo, para transportar a los empleados de una empresa de un lugar a otro. Si buscas específicamente este tipo de aerolínea, encontrarás algunas que de otro modo habrían pasado desapercibidas.

Una mirada en dirección a los aviones privados y de negocios también mejorará tus posibilidades de encontrar trabajo. Cuanto más conocímiento tengas de las diferentes oportunidades laborales, más posibilidades tendrás. Si bien los datos de contacto de las aerolíneas generalmente son más fáciles de encontrar, la información de contacto de las compañías de *jets* privados generalmente suele rastrearse mejor mediante una búsqueda más específica. El siguiente consejo sencillo puede resultarte útil: teniendo en cuenta que uno de los puntos fuertes de este sector es la protección de la privacidad, para encontrar las direcciones que buscas deberás consultar los registros de aeronaves, así como los sitios web de las agencias, intermediarios y corredores. Consultar las vacantes para puestos de piloto también podría dar frutos, pues como la formación del personal de cabina es más prolongada, estas a menudo se anuncian antes que las vacantes para la tripulación de cabina.

Preguntémosle a Catarina,
una azafata de 35 años de Portugal.

«Donde hay voluntad hay un camino».

«Como mis padres vivían en dos lugares diferentes, me educaron para ser una viajera solitaria. Lo que la tarjeta de fidelidad plateada o dorada es para los viajeros frecuentes, para mí era la bandolera para menores no acompañados. Básicamente representó mis innumerables vuelos. Recibí mucha atención cuando era niña, de modo que, se podría decir que descifré el código secreto de volar desde el principio y adquirí rápidamente una gran cantidad de conocimientos previos. Conocía todas las fortalezas y debilidades y, en aquel entonces, tenía muchas ganas de ser auxiliar de vuelo.

Este deseo se desvaneció cada vez más a medida que me hice mayor. En lugar de eso, estudié gestión turística y gané mucho dinero en la industria hotelera de lujo. En ese momento, realmente pensé que eso era todo, que estaba viviendo mi sueño. Pero a la edad de 26 años, mi sueño de infancia volvió a la vida. De repente, quise perseguir mi antigua aspiración profesional de ser una auxiliar de vuelo. Solicité trabajo en una aerolínea pública y recibí una oferta al primer intento. ¿Había alcanzado mi objetivo? ¡Ni mucho menos!

A los pocos días tuve que presentar toda la documentación a la oficina central de aeronáutica. Tuve problemas con uno de los documentos y, aunque terminé arreglándolo dentro del plazo de la aerolínea, aun así, desafortunadamente, reclutaron a otra persona en mi lugar. Decepcionada, pero no desanimada, presenté mi solicitud en otras aerolíneas. Donde hay voluntad hay un camino, creía firmemente, y efectivamente recibí otras ofertas. Bastaron unas cuantas solicitudes para encontrar la aerolínea adecuada para mí y empezar a vivir mi sueño nuevamente».

Elegir la aerolínea adecuada

Encontrar el trabajo adecuado a veces puede resultar más difícil de lo que cabría esperar. Para una persona ajena al sector, muchas cosas parecen muy diferentes a cómo son en la realidad, lo que hace que sea bastante difícil anticiparte para hacerte una idea precisa de tu futuro empleador potencial. No hace falta decir que para los profesionales de la industria que buscan cambiar de empleador se les hace más fácil encontrar la opción adecuada. Dicho esto, existen estrategias que puedes utilizar para determinar si postularte para la aerolínea A sería mejor para tu futuro que hacerlo en la aerolínea B, por ejemplo.

No hay duda de que un salario decente es importante; sin embargo, la felicidad a largo plazo implica mucho más que el ingreso. Una vez que te hayas adaptado a tu nuevo trabajo, tus oportunidades de desarrollo personal y profesional comenzarán a ser más importantes para ti, al igual que tu bienestar. Cuando se trata de felicidad personal y de disfrutar de una sensación duradera de realización, un entorno de trabajo positivo es mucho más importante que el dinero.

Si nos fijamos en el tamaño de una compañía aérea, hay ciertas características que distinguen a las grandes de las más pequeñas. Es importante sopesar las fortalezas y las debilidades con tus propias expectativas. Trata de no dejarte llevar demasiado por la perspectiva de un salario alto.

La mayoría de la gente está familiarizada con las principales aerolíneas internacionales o compañías de bandera, como se las conoce. Cuanto mejor sea su reputación, más atención atraerán y más solicitantes competirán por un puesto para trabajar en ellas. Las grandes aerolíneas utilizan todo tipo de ventajas y generosos descuentos en billetes de avión para atraer nuevos clientes. Sus extensas redes de rutas también ofrecen mucha variedad de destinos y la posibilidad de descubrir miles de regiones y ciudades de todo el mundo sin incurrir en grandes gastos. Una gran flota de aviones o incluso una combinación de diferentes tipos de aeronaves son incentivos adicionales en lo que ya es un entorno de trabajo apasionante. Las grandes corporaciones además cuentan con muchos departamentos diferentes, lo que significa que ofrecen una mayor variedad de oportunidades de formación y buenas perspectivas de progresión profesional.

Sin embargo, si estás buscando trabajar para una de las principales compañías aéreas, necesitarás mucha paciencia y resistencia, porque estas son tan populares que nunca les faltan candidatos. Además, uno de los aspectos negativos de buscar trabajo en una de estas aerolíneas es que la mayoría de las veces hay muchos más obstáculos que superar para conseguirlo. El resultado es un proceso de solicitud largo y de varias etapas para encontrar a los más adecuados para el trabajo.

Si la aerolínea tiene muchos empleados, las jerarquías internas y la cultura competitiva serán mucho más diversas que en las aerolíneas pequeñas. En la mayoría de los casos, sólo tendrás contacto con tu superior inmediato, pero no con la alta directiva. Largos procesos de toma de decisiones, menos autonomía y menos flexibilidad en lo que respecta a tus métodos de trabajo individuales son parte integrante de trabajar en estas aerolíneas.

En cambio, en las aerolíneas más pequeñas se espera que quienes trabajan como auxiliares de vuelo sean muy versátiles. No es raro que temporalmente asuman tareas que están fuera de sus competencias o incluso por períodos más largos. Los departamentos individuales están menos desconectados, las jerarquías suelen ser más planas y el trabajo en equipo se fomenta más activamente. El personal de las aerolíneas más pequeñas, a menudo, suele describirlo como formar parte de una gran familia.

Sin embargo, las aerolíneas más pequeñas no ofrecen tan buenas perspectivas profesionales y hay menos oportunidades de cambiar de trabajo dentro de la empresa. Además, las aerolíneas más pequeñas tienden a esperar más flexibilidad por parte de sus empleados. El contacto directo que el personal tiene entre sí hace que se sientan más cercanos y relacionados con la dirección y la propia empresa. Un resultado positivo de esto es que las personas están más dispuestas a hacer un esfuerzo adicional.

Más allá de las aerolíneas tradicionales, cada año aparecen nuevas líneas aéreas en el mercado, algunas de ellas logran convertirse en parte permanente del diverso paisaje aeronáutico, mientras que otras desaparecen tan rápido como llegaron. Pero esto no debería persuadirte de probar suerte con aerolíneas desconocidas o recién fundadas.

Y una vez que hayas optado por una u otra aerolínea, grande o pequeña, recuerda que esto no será para siempre. No hay nada que impida a las auxiliares de vuelo experimentadas cambiar de aerolínea, pero recuerda siempre informarte lo más que puedas y con antelación sobre la compañía que escojas, esto te ayudará a asegurarte de que te sientas cómoda con tu elección y que termines en un trabajo que disfrutes.

A veces, el lugar donde tiene su sede la aerolínea puede influir en si es una buena opción para ti o no. Por lo tanto, antes de presentar tu solicitud, es importante considerar tus futuros desplazamientos. No todas las aerolíneas tienen su base en el aeropuerto más cercano, y un largo viaje al final de un prolongado y ajetreado día de vuelo puede resultar agotador, aunado a esto el tráfico intenso puede aumentar este estrés y ser potencialmente peligroso. Si la aerolínea tiene su sede en otro país, tendrás incluso que mudarte. Esto puede traer nuevas oportunidades, pero una decisión como esta no debe tomarse a la ligera. Mudarse a otro país por motivos de trabajo a menudo puede ser una experiencia muy gratificante, pero requerirá cierta preparación para adaptarte a las condiciones locales. No a todo el mundo le resulta fácil adaptarse a las normas y convenciones, a las nuevas leyes y a los valores culturales o religiosos de un nuevo país en su vida cotidiana.

Pero antes de tomar cualquier decisión, también debes observar de cerca los valores corporativos y el trasfondo cultural de la compañía aérea. Los empleados deben ser tratados con respeto independientemente de su posición u origen, y esto debería ser una parte inherente a la cultura corporativa. Quizá pienses que esto es de secundaria importancia, pero a largo plazo estos aspectos pueden afectar tu éxito profesional, tu satisfacción laboral y, en última instancia, tu calidad de vida en general. Tomemos, por ejemplo, el estilo del uniforme. Si no te gusta, difícilmente te sentirás cómoda usándolo. O, si crees que cruzar zonas horarias podría afectar tu salud, es mejor que evites los operadores de larga distancia. En cualquier caso, antes de tomar una decisión, averigua qué aspectos son importantes para ti a la hora de elegir tu futuro empleador y planificar tu vida y tu carrera. A largo plazo, estas cosas importarán más que los beneficios financieros que tenga una aerolínea sobre otra.

Preguntémosle a Sze Wan,
una auxiliar de vuelo de 30 años de Hong Kong.

«En Asia se valora mucho más a las auxiliares de vuelo».

«Para empezar, no sabía nada sobre la industria aérea. Y puede que sea porque no empecé a viajar hasta más tarde en la vida. En aquellos días, para mí una línea aérea era simplemente una compañía que te llevaba de A hacia B. Nunca había pensado en lo grandes que eran, en los aviones que pilotaban ni en lo que las hace únicas. He trabajado para varias aerolíneas y he estado destinada en varios países diferentes.

Las aerolíneas asiáticas son extremadamente jerárquicas. La interacción social y las estructuras internas están fuertemente influenciadas por los roles tradicionales. Existe una clara línea divisoria entre pilotos y tripulantes de cabina, que normalmente tienen muy poco contacto con la cabina, al menos, no más de lo absolutamente necesario para el trabajo. Como principiante tienes que trabajar duro, aunque sabes qué esperar desde el principio. Tu superior inmediato tiene un tipo de autoridad completamente diferente, ellos proporcionan instrucciones claras y un liderazgo que también implica cierto grado de dependencia. A los no asiáticos les es difícil aceptar y comprender estas jerarquías, aunque incluso los asiáticos tienen problemas con las prácticas sociales más restrictivas típicas de algunos países de la región. Hay jefes de azafatas que te indican cuándo y dónde cenar con el resto de la tripulación. Esta forma de heteronomía no es para todos.

Las personas que se desempeñan como auxiliares de vuelo son más valoradas en las sociedades asiáticas que, digamos, en Estados Unidos o Europa. Aunque en este último las jerarquías son más planas y tienes más autonomía en la toma de decisiones, pero incluso aquí las cosas no están tan claras. En Alemania, por ejemplo, la hora de la salida es tan importante para la productividad como una buena ética laboral, que encabeza la lista de prioridades en Francia. Y aunque para algunos la seguridad es primordial y define cada paso, otros fomentan la innovación con todos los riesgos económicos que conlleva. En Alemania, Austria y otros países europeos, la diplomacia te llevará a todas partes, mientras que en el Reino Unido lo que importa son las calificaciones y los títulos.

Trabajar en Estados Unidos es un juego completamente diferente. Su concepto de servicio sigue estando centrado en la etiqueta, pero no realmente en los detalles. El ambiente de trabajo cotidiano puede describirse como relajado e informal. Se da gran valor al trabajo en equipo y a un ambiente de trabajo agradable. Te preguntarán cómo te encuentras varias veces al día. Dicho esto, el típico: «*Hi, ¿how are you?*»

es sólo una de las muchas cortesías que ciertamente no deben tomarse literalmente. Si respondieras y le dijeras a alguien cómo estás realmente, te encontrarías con una expresión de perplejidad.

Pero las diferencias van más allá de las convenciones culturales y sociales. De hecho, encontrarás que los procesos de solicitud de empleo son muy diferentes también. En Asia, se espera que seas abierto, agradable y complaciente durante una entrevista de trabajo. Exudarás absoluto optimismo por conseguir el trabajo y le transmitirás esta confianza a tu entrevistador a través de tu carácter agradable y alegre, y también con cierto grado de entusiasmo. Es probable que las preguntas formuladas se refieran a casos prácticos, es decir, cuestiones técnicas o situaciones reales. Es diferente en Europa y en América del Norte, donde se espera que te muestres muy extrovertido y con mucha confianza en ti mismo. Esto se debe al valor que se les atribuye a las habilidades para tomar decisiones. En Europa, todo el proceso de solicitud es complicado. Se le da gran importancia a que des respuestas "correctas", razón por la cual tus respuestas se examinarán muy de cerca, mucho más que en cualquier otro lugar. Básicamente, cada aerolínea hace las cosas a su manera, de modo que, nuevamente, depende de ti descubrir cuál es la que mejor se adapta a lo que buscas y cómo prepararte mejor para tu entrevista».

Aplicaciones de trabajo no solicitadas

¿Hay alguna aerolínea en la que tengas puesta la mira y que no tenga vacantes en este momento? A diferencia de muchas otras industrias en las que una aplicación de empleo enviada sin ser solicitada por la empresa puede aumentar tus posibilidades de encontrar un puesto, en la industria aérea no es necesariamente aconsejable. De hecho, que una aplicación de trabajo no solicitada realmente tenga éxito es más una excepción que la regla.

Para asegurarte de no arruinar tus posibilidades desde el principio, vale la pena aprender un poco sobre cómo funciona una compañía aérea tras bastidores. Por ejemplo, si envías tu solicitud en el momento equivocado, es posible que acabe en una pila de solicitudes inconclusas y generalmente inadecuadas destinadas a recibir una carta de rechazo. Todas estas solicitudes se recogen y almacenan en una misma carpeta electrónica. Si la aerolínea inicia un proceso de contratación más adelante, el motivo por el que tu solicitud no tuvo éxito en el pasado no tendrá ninguna consecuencia. De hecho, casi ninguna empresa se toma el tiempo de averiguar por qué se ha rechazado una solicitud. Una breve llamada al departamento de RR. HH. antes de enviar tu CV garantizará que esto no suceda y te permitirá saber si la empresa de tu elección considera o no las solicitudes espontáneas.

Dicho esto, algunas compañías de aviación colocan las aplicaciones no solicitadas en una lista de espera. Las aerolíneas que aceptan dichas solicitudes si no tienen vacantes en un momento dado las considerarán la próxima vez que se anuncie una vacante. Tener una lista de espera al alcance de la mano les brinda a los gerentes de recursos humanos la agilidad necesaria para responder rápidamente cuando un puesto queda libre de repente o cuando es necesario cubrir otras necesidades de personal.

Vacantes

Has investigado lo suficiente y has encontrado varias vacantes prometedoras. ¡Muy bien! Pero, ahora, ¿qué sigue? Lo primero es lo primero, compara la descripción del puesto con tu personalidad y habilidades. Las ofertas de trabajo siempre te dirán algo sobre la propia compañía. ¿Cómo se presenta la aerolínea? ¿Qué afirmaciones se hacen sobre su tamaño, el número de empleados y su imagen? ¿Hay alguna información sobre el salario, los beneficios de los empleados y las oportunidades de desarrollo personal? ¿Todo eso es adecuado para ti como persona?

Cuanto más analices tus habilidades y rasgos de personalidad, más fácil te será adaptar tu solicitud a la aerolínea de tu elección. Las ofertas de trabajo a menudo revelan exactamente lo que la compañía espera de su tripulación de cabina. Cualquier deficiencia que una compañía aérea pueda descubrir al examinar tu solicitud, debe plantearse desde el principio del proceso. Por ejemplo, si existe algún vacío en tu CV, no esperes a que el evaluador de la aerolínea te pregunte por él, más bien aprovecha tu carta de presentación para explicar los motivos por adelantado.

Dada la cantidad de solicitudes que reciben las compañías aéreas, generalmente tu solicitud puede tardar algún tiempo en procesarse. Procura ser paciente y no llames continuamente a la aerolínea para saber en qué estatus se encuentran las solicitudes de empleo. Sólo si tienes la sensación de que hay algún tipo de retraso, puedes hacer una consulta cortés. De esta manera, no sólo quedarás en su mente por motivos positivos, sino que también estarás afirmando tu interés en trabajar para ellos.

Preguntémosle a Kyla,
una azafata de 21 años originaria de Sudáfrica.

«¿Podría ser hoy tu día de suerte?».

«Si alguien te dice que no eres capaz de algo, esto nunca debería hacer que dejes de creer en ti mismo. En mi caso, en realidad hubo dos buenas razones por las que no debí haber conseguido el trabajo; sin embargo, aun así, tuve éxito.

Cuando solicité un puesto para ser una auxiliar de vuelo, tenía sólo dieciocho años. Sabía que a la aerolínea no le interesaba contratar a mujeres jóvenes como tripulantes de cabina. Las regulaciones en Sudáfrica son estrictas, mucho más que en otros lugares. Existe la idea de que sólo las tripulantes de cabina de mayor edad pueden ganarse el respeto de los pasajeros. Una de las fórmulas mágicas para las entrevistas en Sudáfrica es tener confianza en uno mismo, aunque no demasiada. Debes dar la impresión de ser alguien con autoridad natural. Debes ser capaz de dar instrucciones claras y firmes. Esto es aún más importante si vuelas con una de las compañías aéreas regionales en las que, debido a la capacidad limitada de las aeronaves más pequeñas, tú eres la única auxiliar de vuelo a bordo y no tienes más remedio que tomar la iniciativa. Esta es la habilidad que buscarán en ti. Pero yo ni siquiera llegué tan lejos, mi solicitud fue rechazada inmediatamente.

Aparte de mi edad, debía superar un segundo obstáculo. Necesitaba dinero, así que acepté un trabajo en el aeropuerto. En casi todos los demás lugares, esto se consideraría una experiencia valiosa; sin embargo, cuando envié mi solicitud, tuvo el efecto contrario. El personal de tierra no estaba destinado a recibir formación como tripulante de cabina.

No estaba dispuesta a aceptar esto y quedarme de brazos cruzados. Sabía que tenía que hacer algo, y para mí hacer algo realmente significa traspasar los límites de lo posible. A partir de ese momento, llevé conmigo mi CV en todo momento, a la cafetería, a la terminal del aeropuerto, a los pasillos de las oficinas, en el ascensor o donde fuera. Siempre estuve lista, esperando para entregárselo a alguien.

Me detenía en los lugares donde podría toparme con alguien. Sólo esperaba la oportunidad de que se abriera la puerta al éxito. No estaba obsesionada con una solución predefinida, no necesitaba saber cómo lograría mi objetivo. Todo lo que tenía que hacer era estar preparada y todo el tiempo me preguntaba en voz baja: Oye, ¿podría ser hoy tu día de suerte?».

Documentos de solicitud escritos

Cuando escribes una solicitud de empleo, básicamente te estás vendiendo a ti misma. Los formularios en línea les ofrecen a las compañías aéreas la oportunidad de obtener datos sobre los solicitantes en un formato estructurado y predefinido. Los campos de entrada te guiarán paso a paso a través del proceso, en el que generalmente se te pedirá que cargues tu carta de presentación y tu CV.

La parte difícil es que te inviten a una entrevista. El error más común que se comete al redactar las solicitudes de empleo es no darse cuenta de la importancia de la carta de presentación y el CV. Presentar documentos adicionales que no estén directamente relacionados con la solicitud también puede verse como algo negativo. En cambio, es importante dar lo mejor de ti, enfatizar tu potencial, conocer tu valor personal en el mercado laboral y venderte por esos méritos.

Por lo general, RR. HH. no tarda más de unos minutos en decidir si rechaza a un solicitante o no, ese es todo el tiempo que le lleva evaluar a alguien. En otras palabras, la primera impresión cuenta mucho, eso es lo que determinará si tus documentos te conducirán a la etapa de entrevistas o resultarán en una carta de rechazo.

De modo que, tu solicitud escrita debe ser muy fácil de leer y lo más clara e informativa posible. Lo ideal es que tanto el diseño como el contenido se adapten al anuncio de empleo y, por lo tanto, a la compañía aérea. El diseño no debe ser demasiado creativo o complicado. Por ejemplo, podrías intentar alinearlo con la marca corporativa de la aerolínea. A las compañías aéreas les gusta la claridad y la estructura. La mayoría de las veces, ¡menos es más!

Contrariamente a la creencia popular, en muchos casos no son tus calificaciones, sino tus habilidades personales y sociales las que inclinan la balanza a tu favor para conseguir una entrevista. Por lo tanto, es aconsejable centrarse en las aptitudes que son importantes para un trabajo como una auxiliar de vuelo. Estas incluyen habilidades de comunicación, orientación al servicio, voluntad para trabajar en equipo y habilidades para resolver conflictos.

Nunca se debe enviar una solicitud con prisa y sin haberla revisado. Definitivamente, no debes dudar en pedir una segunda opinión, porque una persona externa puede darte consejos y proporcionarte comentarios valiosos sobre los documentos de tu solicitud. Además, alguien que no haya leído tu CV con tanta frecuencia como tú, tiene más probabilidades de notar errores ortográficos y gramaticales.

Carta de presentación: ideas y consejos

Las compañías aéreas y las empresas de contratación suelen recibir un volumen extremadamente alto de solicitudes. Cuando la competencia es feroz, a menudo son los pequeños detalles los que marcan la diferencia y hacen o deshacen tu solicitud. Los problemas ortográficos importantes, por ejemplo, a menudo suelen ser un motivo de rechazo. Aunque esto no les permite a las compañías aéreas sacar conclusiones sobre tu personalidad y mucho menos sobre tu futura ética laboral, a esas alturas les resulta fácil filtrar las solicitudes basándose en esos detalles.

Todas las aerolíneas esperan que hayas pensado de antemano cómo deseas presentarte como solicitante en el puesto de trabajo que deseas conseguir. Esta primera impresión positiva puedes transmitirla en tu solicitud escrita, por ejemplo, incluyendo una referencia personal. Una buena idea también sería expresar con acierto tu interés por la flota o la red de rutas que manejan. Con unas pocas palabras podrás demostrar que sabes lo que representa la empresa y lo que tiene para ofrecer.

Bajo ninguna circunstancia tus documentos deben dar la impresión de que has presentado tu solicitud con base en la desesperación. Puede que todos tus intentos de conseguir un trabajo para ser una auxiliar de vuelo hayan fracasado hasta ahora, pero un empleador potencial nunca debe percibirlo ni deducirlo, eso inmediatamente plantearía la pregunta de por qué no ha funcionado. El departamento de RR. HH. pensará que tú eres la razón y no las circunstancias exteriores.

Las compañías aéreas prefieren que el contenido de los documentos de solicitud tenga una estructura clara y fácilmente comprensible.

Contrariamente a la creencia popular, demasiado texto no generará el efecto deseado. Menos, es más, y esto aplica especialmente para la extensión de tu carta de presentación y de tu CV. El contenido de cada documento no debe exceder de una página A4. Intenta llegar al núcleo de lo que quieres decir de forma adornada, pero no exagerada. Nada te acercará más a tu objetivo que una presentación auténtica de quién eres. Muestra quién eres realmente, no quién quieres ser.

Si es posible, no copies frases de Internet, los reclutadores reconocerán la mayoría de estas al instante. Tu solicitud no debe parecer una copia de los clichés de CV de otras personas y una solicitud llena de trivialidades tampoco causará una buena impresión. La mejor manera de destacar entre la multitud y llamar la atención es modificar las frases para que las palabras que utilices reflejen tu personalidad.

Preguntémosle a Sofía,
una auxiliar de vuelo española de 29 años.

«¡Demuéstrales de qué estás hecho!»

«Hay personas que envían una solicitud a la misma empresa cinco o seis veces. En un caso particular, incluso escuché de alguien que lo intentó ¡nueve veces! La gente hace esto con la esperanza de que, en algún momento, la suerte esté de su lado. Puede que estén demostrando perseverancia, pero sin saberlo, cometen los mismos errores una y otra vez.

Me encantan los aviones desde que era una niña, los encuentro fascinantes. Gracias a ellos puedo ver gran parte del mundo, hacer nuevos amigos y vivir maravillosas aventuras. Hasta el día de hoy, sigo teniendo este amor por viajar. Pero ¿qué tiene que ver todo esto con tus documentos de solicitud de empleo?

Mi consejo es simple. Permite que tus sentimientos, tus sueños y tu entusiasmo brillen a través de las palabras que escribas en tu solicitud. El evaluador debe sentir que estás decidido a obtener una respuesta positiva. La compañía aérea debe estar segura de que realmente quieres el trabajo.

Tu solicitud terminará formando parte de un montón de otras solicitudes que serán examinadas por un reclutador que pasa la mayor parte de su tiempo sin hacer nada más. Así que no te olvides de mostrarte interesante, sé inteligente a la hora de presentarte y escribe una solicitud sofisticada, pero no te excedas. Muéstrale tus emociones a la compañía, demuéstrales de qué estás hecha y déjales claro que estás persiguiendo tu sueño».

Escribir una solicitud: cómo estructurar el contenido

Una forma sencilla, adecuada, pero eficaz de comenzar tu carta de presentación es hacer referencia a la oferta de trabajo, utilizando la redacción exacta del puesto anunciado.

A una breve introducción debe seguirle la parte informativa principal de tu solicitud. En este caso, las compañías aéreas prefieren saber más sobre cuál ha sido la trayectoria profesional del solicitante hasta el momento, así como las cualificaciones que ha adquirido. Debes enumerar tus estudios y títulos, así como cualquier experiencia laboral previa que hayas tenido. Aunque esta información la encontrarán de forma similar en tu CV, esta duplicación es perfectamente normal. Incluye todo lo positivo que deba saberse sobre ti. Siempre que la información que proporciones sea honesta, se permite cualquier tipo de autopromoción.

El objetivo de tu aplicación es impresionar. Esta es tu oportunidad de demostrar que eres una candidata adecuada para el puesto. Sólo se necesitan algunos buenos atributos para crear una impresión positiva, pero asegúrate de colocar la evidencia que los respalde. Incluir ejemplos de tu experiencia y calificaciones ayudará a crear una impresión general auténtica.

No debes tergiversar los hechos y evita las verdades a medias a toda costa. El departamento de RR. HH. debe tener la sensación de leer una revisión coherente de tu vida profesional y no de estar siendo engañados por calificaciones y cualidades inventadas. Tu motivación personal para postularte y el entusiasmo por tu futuro trabajo deben percibirse en todo momento. Alternativamente, puedes indicar tus objetivos profesionales, tal vez estos pueden coincidir con los que ofrece la compañía aérea que seleccionaste. Una extensa red de rutas podría ser muy acorde con tu interés en viajar, por ejemplo. Puedes encontrar muchas otras formas de incorporar referencias de la empresa estudiando su sitio web, contactando a los empleados o buscando artículos de prensa en Internet.

«Escribir una solicitud de empleo puede ser muy estresante y toma tiempo y energía. Naturalmente, quería hacerlo de forma de dar una buena impresión, pero definitivamente no quería dar una falsa impresión de mí mismo».
Suriani, 19 años, Malasia.

En la última parte de la carta de presentación, puedes responder cualquier pregunta que se haya formulado en la oferta de trabajo, como dónde preferirías estar y si deseas trabajar a tiempo completo o a tiempo parcial. Por cierto, no es habitual indicar tus expectativas de salario, ya que generalmente no hay lugar para la negociación.

Finalmente, la frase final te da la oportunidad de mostrar una vez más tu lado amable y cortés. Puedes hacerlo expresando que estás disponible para responder preguntas en cualquier momento. Y, por último, pero no menos importante, debes comunicar el entusiasmo que sientes de que te inviten a asistir a una entrevista y, por supuesto, no olvides firmar la carta.

Tu hoja de vida

El *curriculum vitae* o CV es la pieza central de toda solicitud de empleo. Tu CV puede ayudarte a allanar el camino hacia el trabajo de tus sueños, de modo que debes poner el mayor esfuerzo posible en ello.

Tu CV no debe tener más de una página de tamaño A4. Esto debería ser suficiente para enumerar todas las etapas claves relevantes de tu vida, así como tus atributos y habilidades personales en un formato estructurado. Tus habilidades y cualificaciones se pueden presentar claramente en forma de tabla, por ejemplo. Una de las mayores dificultades aquí es distinguir entre el contenido importante y el que no lo es. La regla general es que cuanto más cumplan tus cualificaciones o experiencia previa con los requisitos del trabajo como auxiliar de vuelo, más alto deberían posicionar tu CV. Las pasantías obviamente cuentan menos que una experiencia laboral sólida, pero aun así debes incluirlas si no tienes experiencia laboral relevante. Una vez más, un diseño creativo rara vez es visto como positivo, en su lugar, procura utilizar uno claro y conciso.

Tus datos personales deben estar en la parte superior del CV. Esto incluye tu nombre completo, tu dirección postal actual, fecha y lugar de nacimiento y tu nacionalidad. También debes incluir tus datos de contacto. Facilita al máximo que la empresa se ponga en contacto contigo proporcionando una dirección profesional de correo electrónico y tu número de teléfono.

Si bien en la mayoría de los países se requiere anexar una fotografía al CV para solicitar empleo, hay regiones en las que este no es el caso por razones legales. En EE. UU., Australia, Irlanda y el Reino Unido, por ejemplo, es importante descartar sesgos en los procesos de selección de empleados y garantizar una evaluación imparcial de los documentos de solicitud que no se vea influenciada por la apariencia del candidato.

En China y Japón, por el contrario, tu solicitud se considerará seria sólo si incluyes una fotografía en tu *curriculum vitae*, por lo que anexar una es obligatorio en estas partes del mundo. Esto es diferente en Sudamérica, África y Europa, donde las fotografías no son obligatorias, pero sí bienvenidas.

En última instancia, la mejor manera de descubrir qué es relevante para ti y tu solicitud es consultar el sitio web de la aerolínea o realizar una investigación en Internet. Cualquiera sea el caso, es recomendable seguir las pautas de la compañía aérea.

La columna vertebral de cualquier CV es la información sobre tu educación y tu trayectoria profesional hasta la fecha. Esto incluye mencionar las formaciones complementarias realizadas y, en tu caso, las prácticas y estancias en el extranjero. Recuerda enumerar los logros, éxitos y diplomas especiales obtenidos, preferiblemente en orden cronológico.

Sin duda, las habilidades adicionales que son relevantes para el trabajo se pueden describir con más detalle. Si nunca has trabajado o sólo has estado empleado por un corto período de tiempo, puedes embellecer un poco tus responsabilidades. Para todo lo demás, mantén tu CV breve y sencillo. Por lo general, enumerar pasatiempos es opcional. Si estás involucrado en algo que encaja particularmente bien con el trabajo que estás solicitando, no dudes en utilizarlo. Participaciones en la comunidad o las prácticas de un deporte en equipo, tendrán un efecto positivo en cómo se te percibe como persona, por ejemplo.

Acorta o elimina cualquier calificación que sea irrelevante para el puesto de auxiliar de vuelo que estás solicitando. No debes ocultar los vacíos en tu CV bajo ninguna circunstancia. Cualquier consejo contrario no debe tomarse en serio, pues esta estrategia a menudo resultará en todo lo opuesto de lo que estás tratando de lograr. Cíñete a los hechos y, si te lo piden, explica cualquier laguna de forma breve y sincera. No todo en la vida siempre sale según lo planeado y admitirlo es una señal de carácter. Ten en cuenta que las compañías aéreas no buscan superestrellas, sólo quieren conocerte exactamente tal como eres. Así que, ¡no tengas miedo de mostrar los vacíos!

Redes sociales y presencia *online*

En el mundo en el que vivimos hoy, existen innumerables tecnologías y programas en línea a nuestro alcance. Somos conscientes de las ventajas que esto nos aporta, pero también de la necesidad de proteger datos sensibles, especialmente cuando se trata de nuestra privacidad. Sin embargo, cuando se trata de manejar datos personales, el que quieras compartirlos depende de qué tan útil consideres una plataforma. A veces serás más cautelosa, pero, en otras ocasiones, estarás más abierta a compartir información.

Las compañías aéreas aprovecharán todas las oportunidades disponibles para intentar tener una idea de quién es la persona solicitante. Los CV presentados por escrito —a veces por una buena razón—, normalmente sólo cuentan la mitad de la historia. En vista de esto, es aconsejable tener un poco de cuidado con los perfiles, biografías, imágenes, vídeos, *blogs* y publicaciones de acceso público. Los departamentos de recursos humanos lo tienen fácil hoy en día: a menudo todo lo que tienen que hacer es escribir los nombres de los solicitantes en los motores de búsqueda y obtendrán todas las verificaciones de antecedentes que necesitan, sólo haciendo clic en un botón.

> **«Incluso antes de presentar mi solicitud, tuve cuidado de no compartir ningún contenido en las redes sociales que pudiera afectar mi imagen. Aun hoy, casi nunca publico nada privado. Prefiero compartir las impresiones de mis viajes por el mundo».**
> Chen Lu, 24 años, China.

Tu futuro empleador intentará saber más sobre ti a través de las redes sociales, por lo que deberías utilizarlas a tu favor. Piensa en cada red social y sitio web como una especie de tarjeta de presentación con la que puedes venderte en el mercado laboral publicando información específica y detalles sobre ti. Sin embargo, siempre tómate el tiempo para administrar tu configuración de privacidad, al final del día, deseas que los empleadores sólo vean esas áreas de tu vida personal que te alegra que conozcan.

Cuando los reclutadores encuentren contenido sobre ti, prestarán mucha atención a tu forma de comunicarte y a tu idoneidad para el puesto. ¿Hablas mal de antiguos empleadores o compañeros? ¿Cómo interactúas con los demás, cómo respondes a los comentarios? ¿Son exactos los detalles sobre tu educación y empleadores anteriores? ¿Publicas mensajes discriminatorios? ¿Haces comentarios sobre género, religión o el origen de otras personas? ¿Existe evidencia de un consumo excesivo de alcohol o incluso de consumo de drogas? ¿Se puede verificar información de tu CV? Las respuestas a estas preguntas revelan cómo eres realmente y lo que otros dicen de ti.

Utiliza tu creatividad para darle un buen uso a estas plataformas de información. Mantén actualizada tu página profesional y comparte tus calificaciones, publica buenas referencias, menciona elogios y reconocimientos y publica imágenes favorecedoras y vídeos apropiados.

Por ejemplo, los recuerdos de vacaciones reflejan tu interés por viajar, y este definitivamente es un rasgo importante para una persona que aspira a ser auxiliar de vuelo. También puedes unirte a grupos de redes sociales con personas que tienen objetivos profesionales y cualificaciones similares.

¿Estás empezando a preocuparte de que cada pequeño detalle privado que compartes en tus redes pueda tener un impacto negativo en tus posibilidades de conseguir un trabajo? ¡Entonces no lo hagas! No todo el mundo tiene una presencia *online* que pueda servir como una especie de CV digital, y ser anónimo no siempre es malo. Sin embargo, si decides publicar información personal en Internet, es importante que te presentes como alguien auténtico. De hecho, eso es exactamente lo que las compañías aéreas querrán ver.

Y esto no termina una vez que tienes el trabajo. Aún después debes tener cuidado con la información que publicas. Es natural que desees compartir las innumerables impresiones y experiencias que tienes en el trabajo con otras personas en diversas plataformas, y no es raro que la línea entre la vida privada y la profesional se vuelva borrosa. Sin embargo, lo más importante es que no reveles datos confidenciales sobre tus compañeros, la empresa o pasajeros. Si no eres consciente de lo que publicas, podría tener graves consecuencias para ti. Entonces, una vez que hayas conseguido el trabajo de tus sueños, deberás dedicar tanto tiempo y esfuerzo a mantener tu presencia en línea como lo hacías cuando todavía buscabas empleo.

Cómo destacarse en las campañas de contratación

¿Tu solicitud ha sido exitosa y has sido invitado a la siguiente ronda? ¡Felicidades! Ahora hay diferentes maneras de proceder. Las compañías aéreas suelen organizar sus propias campañas de contratación para maximizar el grupo de solicitantes entre los que pueden elegir. Este es un evento cerrado y constituye el próximo y quizás el paso más importante en el proceso de solicitud para ti.

Estos eventos pueden ser de mayor escala que los procedimientos de contratación normales, pero los requisitos que debes cumplir son esencialmente los mismos. Cuando te invitan a un evento como este, se evaluará tu competencia profesional y tus habilidades sociales, así como tu compromiso de poner el 100 % de ti en tu formación. También se examinará tu motivación para elegir esa aerolínea en particular. Por lo demás, las pruebas seleccionadas, los juegos de roles y las entrevistas se llevan a cabo tal como se haría en un proceso de selección convencional. Representantes de la compañía aérea te evalúan a ti y a quienes compiten por el mismo puesto tanto en ejercicios individuales como grupales.

Estos eventos de contratación tienen muchos nombres diferentes, desde «Seminario para auxiliares de vuelo», «Feria de empleos» hasta «Jornada de puertas abiertas», «Jornada de reclutamiento», «Jornada de evaluación de tripulantes de cabina» o incluso «Casting de auxiliares de vuelo». Estos eventos, que a menudo tienen lugar en un lugar externo alquilado específicamente para este, son utilizados por las aerolíneas como plataforma para promocionarse como posibles empleadores. Un evento de reclutamiento es una buena oportunidad para que ambas partes se presenten con el máximo efecto, pero con el mínimo esfuerzo.

Otra idea que subyace detrás de estos eventos de reclutamiento es que brindan la oportunidad de conocer a los solicitantes en un ambiente relajado. En algunos lugares, se eligen habitaciones de hotel amuebladas con estilo para crear un ambiente informal. Este entorno público lleva a la falsa suposición de que se puede mantener cierto anonimato. ¡Pero se recomienda precaución!

Estos eventos están organizados de tal manera que, en realidad, nadie desaparece entre la multitud. A menudo te observan cuando menos lo esperas. El proceso de selección, propiamente dicho, comienza en el instante en que cruzas la puerta. A partir de este momento, todas y cada una de las personas que aspiran al puesto serán objeto de un minucioso escrutinio por parte del comité de selección.

Cualquier forma de preparación, ya sea a través de una meticulosa investigación en Internet, consejos de expertos o recomendaciones generales de la compañía aérea, aumenta tus posibilidades de avanzar a la siguiente ronda. Tu apariencia, postura y lenguaje deben ser profesionales en todo momento. Para asegurarte de estar preparado adecuadamente, lleva contigo copias impresas de los documentos de solicitud que presentaste en línea, de ser posible, ordenados en una carpeta de documentos de aspecto profesional. La mejor estrategia consiste en tener tu portafolio listo unos días antes del evento para que puedas verificar todos los detalles y agregar los documentos de respaldo necesarios con tranquilidad.

✓

Preguntémosle a Beatrice,
una auxiliar de vuelo de 27 años del Reino Unido.

«¡Eres una experta en seguridad, no una *trolley dolly*!»[1].

«Todos hemos pasado por eso, preparar, revisar y aprobar exámenes. Todo el mundo tiene que pasar por ello, ya sea en la escuela, durante la formación, en la universidad o incluso en el trabajo. Presentar un examen y poner a prueba tus habilidades significa ansiedad, estrés, tensión, presión, miedo a que nuestra mente se quede en blanco y fracasar cada vez. ¡Pero no tiene por qué ser así!

A lo largo de los años, he tenido entrevistas con las principales aerolíneas mundiales, como Qantas, Virgin Atlantic Airways, British Airways, Etihad Airways y Emirates, así como con las principales compañías de *jets* privados y de negocios. Superé todos los procesos de selección y me regresé a casa con un contrato de trabajo en el bolsillo. Cada una de estas empresas de clase mundial me ofreció un puesto de trabajo. Siempre he tenido la suerte de poder elegir y avanzar en mi carrera a mi manera.

Tan pronto como nos dejemos arrinconar por una situación difícil, inevitablemente corremos el riesgo de fracasar. Tenemos que aprovechar las oportunidades que se presentan y podemos hacerlo sintonizándonos con la compañía aérea. Hay motivos por los que las aerolíneas revelan información antes de un proceso de selección, esperan que las personas estén lo más preparadas posible para el día. A veces, incluso nos dan sugerencias, ideas y consejos, pero lamentablemente no todo el mundo los aprovecha.

---

[1] *trolley dolly* es una expresión coloquial utilizada en inglés para referirse a las auxiliares de vuelo, especialmente en el Reino Unido. Es una forma informal y a menudo humorística de describir a las mujeres que trabajan como asistentes de vuelo, haciendo referencia a los carritos ("*trolleys*") que utilizan para servir comida y bebidas a los pasajeros durante el vuelo, y "*dolly*" que es un término informal para una mujer joven o atractiva. Es importante destacar que aunque se utiliza comúnmente, puede considerarse como un término algo despectivo o sexista, por lo que se debe tener cuidado al usarlo.

En cada uno de los procesos de selección por los que pasé descubrí sorprendentes similitudes con aquellos que lo precedieron. Las aerolíneas buscan hombres y mujeres que sean expertos en seguridad, no *trolley dollies*. Por eso se centran en personas que se sienten cómodas consigo mismas, que defienden sus fortalezas y debilidades y que no se sobrevaloran. Las aerolíneas están interesadas en individuos reales, no modelos de personalidad inventados. Durante todo el proceso de solicitud, se preguntan constantemente cómo nos desempeñaríamos en un vuelo de 14 horas. Cuanto más conozcan nuestra personalidad, más clara será la imagen que se hagan de ella. En este trabajo todo se reduce a lo que somos capaces de hacer».

¿Qué pruebas puedes esperar?

Entonces, ¿qué tipo de pruebas es más probable que tengas que realizar en una campaña de reclutamiento? Las pruebas de conocimiento general son particularmente populares. Puedes esperar preguntas sobre historia, política, cultura y temas de actualidad. Si la geografía no aparece en las pruebas de conocimiento general, definitivamente aparecerá en una prueba aparte. Las preguntas de geografía se centran en los países y sus capitales, los ríos, las montañas y los principales lugares de interés. Los destinos de la red de rutas de la aerolínea deberían examinarse con más detalle a la hora de prepararse para el evento. Estos exámenes adoptan la forma de pruebas escritas de selección múltiple con cuatro respuestas posibles para cada pregunta, de las cuales al menos una es correcta. La ventaja de este tipo de prueba habla por sí sola: si tienes dudas, aún tendrás la oportunidad de elegir una respuesta creíble mediante un proceso de eliminación. Para las compañías aéreas, el beneficio de las pruebas de opción múltiple es que son rápidas y fáciles de calificar y los resultados son fáciles de comparar.

Las pruebas de idiomas, que también forman parte del repertorio estándar, se utilizan para evaluar diferentes habilidades en la lengua materna, así como en una o más lenguas extranjeras. Por lo general, se evalúa el vocabulario, la gramática, los modismos, las expresiones y la estructura de las oraciones. Las habilidades lingüísticas a nivel escolar son un requisito previo. No se permiten ayudas como el uso de diccionarios.

> **«Es como un concurso. Luchas para avanzar de una ronda a la siguiente y pasar de nivel».**
> Saki, 25 años, Japón.

También esperan que tengas conocimientos de aritmética, aunque rara vez los evalúan. Si lo hacen, probablemente te pidan que hagas algunos cálculos mentales básicos de aritmética, problemas matemáticos escritos o completar secuencias numéricas. Es posible que todavía estés familiarizado con las reglas aritméticas básicas de tu época escolar, o quizá ya las hayas olvidado, de modo que, un vistazo rápido a tus viejos libros de texto definitivamente no te hará ningún daño.

Cuando se trata de evaluar a personas solicitantes no nativas, se utilizan pruebas de dominio libre del idioma y de concentración. Esto podría consistir, por ejemplo, en unir grupos de palabras relacionadas mediante una selección de imágenes y dibujos. Otra posible tarea consiste en clasificar imágenes según patrones establecidos y encontrar tantas soluciones como sea posible bajo presión de tiempo.

Definitivamente debes intentar dar lo mejor de ti en las pruebas, pero ten en cuenta que buenos resultados no serán un indicativo de qué tan bien te está yendo en el proceso de selección en general. Los resultados de las entrevistas individuales y grupales suelen tener mucho más peso. Mantente constante en tu desempeño y básicamente habrás hecho todo lo necesario para ser considerada para un puesto.

La aptitud física la determina y evalúa un experto en medicina aeronáutica. Suele ser un profesional de la medicina o un equipo de médicos de diferentes especialidades. Lo único que los reclutadores pueden comprobar directamente es la estatura mínima o el alcance de los brazos. A los solicitantes se les pide brevemente que demuestren su capacidad para alcanzar fácilmente los compartimentos superiores, retirar y volver a colocar el equipaje y otros equipos.

Las compañías aéreas invierten mucho tiempo intentando comprender la personalidad de los solicitantes. Esto se hace principalmente a partir de conversaciones, entrevistas o ejercicios en grupo, aunque también se utilizan diversas pruebas escritas de personalidad. Los resultados obtenidos de estas pruebas le proporcionan a la compañía más información que les ayuda a tomar la decisión de contratarte o rechazar tu solicitud. La pregunta clave que se hacen los reclutadores es si eres apta para el servicio de vuelo y, más concretamente, si encajas bien en la aerolínea.

Cualquiera que haya pasado por uno o dos procesos de prueba en la industria aérea notará una sorprendente cantidad de similitudes. Las pruebas siempre siguen un patrón fijo y generan resultados comparables. Por lo tanto, una preparación específica no sólo es posible, sino también muy recomendable. Los conocimientos, las destrezas y las habilidades cognitivas se pueden aprender o repasar.

Algunas de las pruebas que tendrás que realizar requerirán poco esfuerzo, mientras que para otras será necesario un alto nivel de concentración. A menudo se realizará una breve explicación resumida o introductoria antes del inicio del ejercicio real. Esto ayuda a las personas que aspiran al puesto a superar los nervios que puedan sentir y les da la oportunidad de prepararse mentalmente para la prueba. Ten en cuenta que no todas las pruebas están diseñadas para completarse dentro del tiempo asignado, así que nunca te resignes ni te desanimes al realizar una tarea.

Ejercicios grupales en el proceso de selección

Los ejercicios en grupo son una parte importante del proceso de selección. Y aunque los solicitantes suelen verlos con cierto escepticismo, son cruciales para descubrir cómo trabaja cada persona como parte de un equipo y si se lleva bien con los demás. Para hacer esto, tú y los demás solicitantes se enfrentan a situaciones en las que se espera que actúen de manera intuitiva y demuestren un enfoque orientado a los resultados. La persona a cargo de las pruebas hace que la situación sea aún más estresante al plantear preguntas específicas que te presionan para que aportes resultados tangibles durante sus conversaciones. En realidad, el resultado final del ejercicio no es lo más importante, lo que se pone a prueba es tu esfuerzo, el trabajo en equipo y tu motivación.

Para estos ejercicios en grupo básicamente se utilizan dos métodos. En el más sencillo, se formula una pregunta a los solicitantes y se les pide que discutan el tema y encuentren la mejor solución o resultado posible.

Hay diferentes maneras de llevar a cabo esta tarea. Las tres siguientes son ejemplos de preguntas que podrían plantearse al grupo: describa al auxiliar de vuelo ideal para la aerolínea X; ¿cuáles son las ventajas/desventajas de una aerolínea de bajo costo? O bien: ¿qué piensan los pasajeros sobre el impacto ambiental y la huella ecológica que genera la industria aeronáutica?

En el segundo método, a todos los participantes se les asigna la misma tarea, pero para hacerlo más difícil, a cada persona se le dan instrucciones adicionales que deben tener en cuenta en la solución grupal. Por ejemplo, el ejercicio podría ser el siguiente: se le pide al grupo que creen juntos una aerolínea. A cada uno se le asigna su propio departamento que requiere cierto número de empleados. La compañía necesitaría emplear a 120 personas para cubrir las necesidades de todos los departamentos; sin embargo, el presupuesto sólo permite un máximo de 100 empleados. Ahora depende de ti encontrar una solución inteligente que no perjudique a los demás participantes porque, en última instancia, todos los departamentos son igualmente importantes y el objetivo es encontrar la mejor solución para los empleados y para la aerolínea.

Otra tarea para las actividades grupales podría ser priorizar los elementos que salvarías en un accidente en el desierto. No está permitido llevar más de diez artículos y, en definitiva, en la lucha por la supervivencia, cada elemento es importante, por lo que lo crucial aquí es analizar la situación y formular opiniones, así como la comunicación.

«No te preocupes, todos los demás en la sala están tan nerviosos como tú. Sé tú misma y trabaja en equipo. Esa es la manera de dar lo mejor de ti».
Alina, 23 años, Rumania.

Durante los ejercicios en grupo, varios supervisores estarán vigilando por encima de tu hombro; sin embargo, esto no debería ser un motivo de pánico. Los supervisores han acordado de antemano quién será responsable de evaluarte, aunque no sabrás quién es, por lo que realmente no vale la pena preocuparte. En lugar de ello, centra tu atención y enfócate en la tarea que tienes entre manos y en tu contribución personal.

Escuchar a los demás y dejarles hablar es una de las principales reglas de conducta. Una norma general aquí es no tomar la iniciativa, pero tampoco esconderse entre la multitud. Prepárate para los desafíos desde el principio, al fin y al cabo, los demás participantes también siguen determinadas estrategias. El enfoque más eficaz es permanecer fiel a tu línea argumental, al menos durante un tiempo. No permitas que tu contraparte te desconcierte. Una vez que hayas tenido la oportunidad de presentar tu línea argumental dos veces, es hora de ajustar tu propia posición según el progreso del ejercicio. Bajo ninguna circunstancia insistas demasiado en tu opinión, ya que esto puede tener un impacto negativo en tu evaluación. Como suele ocurrir, se trata de mantener un equilibrio saludable y demostrar empatía. Ganarás puntos al involucrar a otros en la conversación, de modo que, siempre presta atención a aquellos que se han mostrado más reservados. Esto le demostrará a la compañía que tomas en cuenta a todos y que tienes mucho espíritu de equipo.

Juego de roles - ¡Es más que un juego!

Los juegos de roles también son parte integral del proceso de selección. Lo que los supervisores de pruebas estarán analizando aquí es cómo tú, un futuro miembro de la tripulación, puedes representar los intereses de la aerolínea y al mismo tiempo mantener contentos a los pasajeros. Los escenarios utilizados son las típicas situaciones de conflicto que probablemente encontrarás como miembro de la tripulación de cabina.

Tu compañero para los juegos de roles podría ser un psicólogo profesional, un miembro activo de la tripulación, un miembro del personal de oficina o una persona profesional de la actuación. El objetivo del juego de roles es simular una situación real e impredecible. Recuerda, lo que importa no es obtener el resultado perfecto, así que no te centres únicamente en tratar de lograrlo. El objetivo del ejercicio es examinar tu comportamiento, las palabras que elijas y tus argumentos. La atmósfera en la situación del juego de roles puede cambiar inesperadamente o los niveles de estrés aumentarán deliberadamente para obligarte a salir de tu zona de confort. Mientras tanto, el supervisor de la prueba tomará nota de tu lenguaje corporal, de tus expresiones faciales y de tus gestos.

Antes de que comience el ejercicio, se te explicará cuál será la situación del juego de roles. El escenario podría ser algo así: un hombre de negocios se queja del llanto de un bebé. Va directamente desde el aeropuerto a una reunión de negocios y tiene que prepararse, pero no puede hacerlo debido al ruido. Por eso, reservó un billete en clase ejecutiva, para poder trabajar tranquilamente durante todo el vuelo. La madre y el bebé están sentados sólo a dos filas detrás de él, pero como la clase ejecutiva está completamente llena, no hay ningún otro lugar al que trasladar al empresario, excepto a una fila libre en la clase turista. Sin embargo, esta opción no beneficia ni a la aerolínea ni al pasajero. El empresario que reclama es muy testarudo y esa es tu oportunidad de demostrar tu habilidad y tacto para tratar con pasajeros difíciles.

Otro escenario posible podría ser un vuelo de larga distancia en el que todo el sistema de entretenimiento a bordo se ha estropeado. Faltando un poco más de siete horas para llegar a destino, una mujer se queja contigo en voz alta. ¡Pero no sólo eso! También está haciendo todo lo posible para incitar a los demás pasajeros, tratando de que sumen su granito de arena. Ella no para de exigir que los sistemas de entretenimiento se arreglen de inmediato, dice que ha pagado mucho dinero por ese boleto aéreo y que tiene derecho a ver una película. Sin ingenieros a bordo para arreglar el sistema, depende de ti resolver esta complicada situación con el pasajero.

Un escenario típico de juego de roles es el de una familia joven que se va de vacaciones, pero no tienen asientos uno al lado del otro en el avión. En el momento de facturar sus boletos ya se habían asignado todos los asientos, por lo que los padres no tenían otra opción. Para empeorar las cosas, los dos niños viajan por primera vez. No hace falta decir que los padres harán cualquier cosa para conseguir que los asientos de la familia estén juntos en el vuelo, pero ninguno de los pasajeros parece dispuesto a intercambiar los suyos para que la familia pueda sentarse junta. Depende de ti analizar todas las opciones y encontrar una solución que mantenga feliz a la familia.

Si los ejemplos anteriores te han hecho entrar en pánico, ¡no te preocupes! Los juegos de roles son algo que puedes repasar mentalmente en casa. Cuanto más hipotéticamente te pongas en una situación, más argumentos y opciones posibles se te ocurrirán para resolverla. No pensarás en cada detalle por adelantado, ni es necesario que lo hagas. Una vez que comprendas los mecanismos, estarás lista para lo que surja.

Durante los juegos de roles, tu compañero hará todo lo posible para llevarte al límite. Así que no te sorprendas si las ideas que se te ocurren para resolver la situación no producen el resultado que esperas. El pasajero puede resultar ser testarudo y poco dispuesto a escuchar, rechazando cada solución que le propongas. En este contexto, es importante no ver al pasajero como el problema, sino evaluar la situación en la que se encuentra.

Sin embargo, lo que definitivamente no debes hacer es hacer promesas que ni tú ni la aerolínea pueden cumplir. Si te muestras firme y no te pones personalista, es más probable que alcances un resultado satisfactorio en el juego de roles. Dicho esto, como ya se mencionó, resolver el problema tiene una importancia secundaria, lo que más importa es que te metas en el papel de una auxiliar de vuelo de la manera más convincente posible, demostrando así tus habilidades de liderazgo.

Para que el juego de roles salga lo mejor posible, este es mi consejo: escucha atentamente a tu compañero, especialmente al principio, cuando podrás obtener mucha información sobre los motivos de la queja. Resume lo que la persona ha dicho con tus propias palabras y pídele que confirme que has entendido y repetido todo correctamente. ¡No te pongas nerviosa! ¡Eso es exactamente lo que quiere tu compañero! Puede hacer la situación más estresante simplemente cambiando su tono o aumentando el volumen de su voz. Mantente calmada y concentrada en todo momento. Ten dos o más soluciones listas, así serás lo suficientemente flexible en tu razonamiento. Cualquier solución que tengas debes presentársela al pasajero de forma segura, pero amigable, y haga lo que haga, no desistas de resolver el conflicto.

La psicología detrás de la entrevista

En el camino hacia el trabajo de tus sueños, el mayor obstáculo que tendrás que superar es, sin duda, la entrevista personal. Si lograste llegar allí, todo lo que necesitas hacer ahora es dar una buena impresión. La entrevista es tu oportunidad para mostrarte y demostrar cuánto sabes sobre tu futuro empleador. Por lo general, los entrevistadores tendrán tus documentos de solicitud a mano y, antes de la entrevista, se habrán familiarizado con tu CV.

Puedes empezar a prepararte varios días antes de tu entrevista. Por ejemplo, párate frente al espejo y repasa diferentes escenarios, seguramente encontrarás algo que puedas mejorar. Por un momento, ponte en el lugar de la aerolínea, probablemente puedas adivinar muchas de las preguntas de antemano, y eso te facilitará practicar tus respuestas. Organiza tus ideas como lo hiciste en tu CV. ¿Qué educación y experiencia laboral tienes en tu haber? ¿Cuál es tu historial laboral? ¿En qué momento de tu vida te encuentras en el presente? Además de estos datos concretos sobre ti, te recomiendo que dediques un tiempo a pensar en los motivos que te llevaron a presentar la solicitud.

Pararte frente al espejo y practicar hará fluir tu creatividad y fomentará tu desarrollo personal. Lo primero que debes trabajar es tu postura. Mantente erguida y te mostrarás más segura de ti misma. Si eres el tipo de persona que gesticula con las manos mientras hablas, trata de mantenerlas frente a ti a la altura del ombligo. Si no estás segura de cómo adquirir una postura natural, relaja los hombros; el resto se ajustará de manera espontánea.

Para asegurarte de tener siempre la ventaja, es aconsejable que vuelvas a revisar los documentos de tu solicitud antes de la entrevista. Antes de que te des cuenta, serás el centro de atención, así que ¿por qué no enfocarte en ti misma en lugar de perder tiempo y energía preocupándote por cómo irá la entrevista? Los pensamientos negativos y las dudas te harán parecer insegura y no podrás dar lo mejor de ti. No te preocupes, ¡quién mejor que tú misma para responder preguntas sobre ti!

En esta parte del proceso de solicitud, tus entrevistadores te brindarán más apoyo y serán más comprensivos. A diferencia de los ejercicios grupales y los juegos de roles, en esta parte tus entrevistadores intentarán hacer que las cosas sean menos estresantes para ti, generalmente comienzan con una pequeña charla amistosa. A menudo, el entrevistador comenzará hablándote un poco sobre la aerolínea y dándote algunas cifras relacionadas con el vuelo o te dará algunos detalles sobre el proceso de la entrevista. Esta es la oportunidad perfecta para simplemente escuchar, acostumbrarte a una situación desconocida y relajarte un poco. Utiliza este tiempo para respirar lenta y profundamente, así cuando sea tu turno de hablar, tu respiración será tranquila y eso hará que tu voz sea fuerte y segura.

Los solicitantes que son amigables, abiertos y relajados tienden a dar la impresión de ser fiables y dignos de confianza, siempre que lo que digan sea plausible y tenga sentido. Para no estropear esta primera impresión, evita utilizar expresiones subjetivas y exageraciones. Cuando hables de tus cualidades, utiliza un lenguaje positivo para ganarte a tus entrevistadores. Ser auténtica, natural y honesta aumentará tus posibilidades de que la entrevista salga bien. Lo que no debes hacer bajo ninguna circunstancia es tergiversar los hechos, mentir o intentar engañar de cualquier otra forma a la compañía aérea. Los profesionales de recursos humanos se darán cuenta si algo anda mal.

> «Nadie quiere mostrar su lado malo,
> pero ten el coraje de no ocultar tus asperezas».
> Isabela, 32 años, Brasil.

Durante la entrevista, es posible que te hagan una pregunta que te incomode un poco. Estas preguntas, aunque formuladas con las mejores intenciones, pueden parecer un ataque personal. Al fin y al cabo, los asuntos personales son profundamente privados y es perfectamente aceptable que sigan siéndolo. Incluso puede darse el caso de que el entrevistador no tuviera derecho a hacer esa pregunta en particular. Sin embargo, una vez que surge una pregunta, debes abordarla de manera profesional para poder utilizar la situación a tu favor. Por eso, cuando te prepares para una entrevista, tómate el tiempo para identificar tus debilidades, eso reducirá las posibilidades de que te pongas nerviosa. Puedes dar respuestas vagas a preguntas incómodas, sin entrar en demasiados detalles. Incluso podrías utilizar el humor en tu respuesta. Minimiza la importancia de la pregunta con una respuesta formulada de manera inteligente y no perderás el equilibrio en la entrevista.

Te daré un breve ejemplo para ilustrar mi punto: digamos que eres un poco mayor que los demás solicitantes y durante la entrevista sientes que los entrevistadores son un poco escépticos respecto a tu ingreso a la profesión a los 35 años. Este es tu talón de Aquiles y; de hecho, la razón por la que tu solicitud no tuvo éxito en otra aerolínea. En lugar de mostrar tus sentimientos, explícale a la aerolínea que hay buenas razones por las que tu vida ha tomado un rumbo diferente hasta la fecha. Quizá prefieras no compartir tu pasado con extraños, y eso está perfectamente bien. Sin embargo, ten en cuenta que ofrecerles información sobre el curso que ha tomado tu vida les ayudará a comprender por qué estás ingresando tan tarde a la profesión.

Explica que las circunstancias personales que has experimentado hasta ahora te han llevado al punto en el que te encuentras, y que fue exactamente ese camino el que te llevó a la entrevista. Que has ganado experiencia de vida y menciona tu experiencia profesional y trabajos anteriores. Sin centrarte en el tema de tu edad, ahora puedes hablar de tus cualidades y centrarte en venderte. De este modo, la compañía dejará de preocuparse por tu edad y volverá su atención a ti y a todas las cosas interesantes sobre ti.

No es raro que las entrevistas las realice más de un representante de la aerolínea. Asegúrate de mantener contacto visual con tus entrevistadores en todo momento, centrándote principalmente en la persona que formula la pregunta mientras diriges tu respuesta a todos los presentes en la sala. Si un psicólogo aeronáutico está presente en la entrevista, asegúrate de que eso no signifique que debas comportarte de manera diferente. Los psicólogos aeronáuticos están capacitados para realizar evaluaciones profesionales rápidas. Si finges ser otra persona cuando te presentes, un psicólogo se dará cuenta inmediatamente. Pueden influir en tus niveles de estrés haciendo preguntas específicas, y aumentarlas o reducirlas según sea necesario. Apégate a tus principios en todo momento, especialmente en situaciones en las que no estás segura de cuál es la respuesta correcta, sé fiel a ti misma.

Hacia el final de la entrevista, normalmente se te dará la oportunidad de hacer cualquier pregunta que puedas tener a los entrevistadores. Dos o tres preguntas bien preparadas son suficientes para subrayar cuánto deseas el trabajo. Si aún no se ha discutido este punto, puedes preguntar por la siguiente etapa del proceso de solicitud o cuándo se tomará la decisión de contratación.

¡Por fin llegó la carta!

El largo y agotador proceso de solicitud ha llegado a su fin, entonces comienza la agonizante espera. Es un tiempo lleno de esperanza y temor. Por lo general, los solicitantes recibirán una respuesta unos días después de la entrevista, pero si, contrariamente a lo esperado, tarda más, intenta no preocuparte.

Si no eres uno de los afortunados, es natural que te sientas molesto y decepcionado. Al fin y al cabo, has puesto mucho de tu parte en el proceso de solicitud, has estado concentrado, has trabajado duro y luchaste mucho. Haber hecho todo eso para nada te dolerá y te hará sentir frustrado. Los rechazos son parte de la vida, por desagradables que sean. No debes tomar un rechazo como un reflejo negativo de ti o de tu personalidad. Y, de todos modos, un rechazo no tiene por qué ser el final del camino, es más bien una foto instantánea en el tiempo. Lo que no funciona hoy puede ser la receta del éxito mañana. De hecho, el fracaso es una oportunidad de crecimiento personal, siempre y cuando lo afrontes profesionalmente.

Tampoco es del todo inusual que una aerolínea vuelva a contactar a las solicitantes en un momento posterior. Después de todo, incluso con listas de espera como respaldo, las aerolíneas no pueden prever cada eventualidad. Es muy posible que los candidatos de la lista retiren su solicitud o no acepten el trabajo. Hay varias razones por las que un rechazo inicial puede ir seguido de una oferta de trabajo, después de todo. Puede que no sea muy común, pero sucede.

En términos generales, no hay nada que te impida volver a presentar tu solicitud en el futuro si la primera no tuvo éxito. Sólo que, por esta razón, es una buena idea mantener un tono respetuoso y positivo en tu comunicación. Los buenos modales y la cortesía nunca estarán de más y mejorarán tus posibilidades de que cualquier solicitud futura tenga éxito. Por ejemplo, podrías tomar la iniciativa de escribirle a la aerolínea agradeciéndole tu carta de rechazo. Esta es la oportunidad perfecta para demostrarles que, incluso si esta vez no te consideraron para un puesto, estarías feliz de trabajar para ellos en el futuro. Eso demuestra no sólo el aplomo y el profesionalismo que es requerido para esta profesión, sino también tu determinación de convertirte en miembro de la tripulación de cabina. También puedes utilizar tu carta de rechazo como motivo para solicitar comentarios. Saber por qué te rechazaron te ayudará a aprender de tus errores y prepararte para futuros procesos de solicitud de manera más efectiva.

Si, por el contrario, obtienes una respuesta positiva de la compañía aérea, la alegría y la euforia que sentirás no tendrán límites. Te espera una vida emocionante y variada. En la mayoría de los casos, representantes de muchos tipos de departamentos se comunicarán contigo para informarte sobre tu formación y contrato de trabajo, la fecha de inicio de tu formación, detalles sobre los procedimientos de la formación e información sobre cómo organizar tu primer uniforme de tripulante de cabina.

Capacitación

Estándares internacionales

¡Lo hiciste!, pasaste el proceso de selección. El siguiente paso es que te asignen una plaza en el curso de formación lo antes posible. Con una duración de seis a ocho semanas, el curso puede parecer corto; sin embargo, en términos de contenido, es una experiencia desafiante e intensa. Al contrario de lo que podría pensarse, los cursos de formación para tripulantes de cabina no están estandarizados. De hecho, la forma en la que te enseñan y lo que aprendes depende en gran medida de cada aerolínea, al igual que el contenido de los ejercicios prácticos. Las compañías aéreas aprovechan esta circunstancia para adaptar la formación a sus propios requisitos específicos. Por ejemplo, sólo recibirás capacitación de servicio para la clase ejecutiva o *business* si la aerolínea ofrece este servicio.

En lo que respecta a la formación, los únicos estándares mínimos que la *Organización de Aviación Civil Internacional* (OACI) recomienda a sus miembros se refieren a las normas de seguridad, de modo que las aerolíneas desarrollan una capacitación específica en seguridad aérea basada en estas directrices. Como resultado de esta falta de estándarzación, el reconocimiento formal de las cualificaciones formativas no está exento de problemas, y es algo que puede ser relevante si buscas cambiar de empresa.

De hecho, en la mayoría de los casos, las diferencias entre los cursos de formación (de las distintas aerolíneas comerciales) hacen que tu formación generalmente no sea reconocida universalmente, algo que puede ser relevante si estás buscando cambiar de empleador. Si este es el caso, tendrás que completar otro curso de capacitación o al menos repetir partes del mismo con el nuevo empleador, donde podrás actualizar o ampliar tus conocimientos y habilidades.

¡Preparados, listos, ya! ¡Que comience el entrenamiento!

El equipo de formación que imparte su curso suele ser bastante heterogéneo. Los instructores incluirán auxiliares de vuelo activos y antiguos que te enseñarán a ti y a tus compañeras el contenido práctico y te asesorarán y apoyarán durante tu formación. El equipo también incluye formadores cualificados, tanto externos como internos, por ejemplo, médicos para la formación en primeros auxilios, pilotos para la meteorología aeronáutica y bomberos para la formación en seguridad contra incendios.

Desde el primer momento, la aerolínea intentará impresionarte, lo cual significa que aprovecharán cualquier oportunidad para presentarla de forma positiva. Esto incluye asegurarse de que tengas clara la posición de la aerolínea en relación con la competencia. Durante tu formación, conocerás los procedimientos y las estructuras internas de la aerolínea y descubrirás la relevancia de los objetivos corporativos de la empresa para ti como una auxiliar de vuelo.

Durante las primeras sesiones aprenderás procedimientos, manuales de vuelo, cómo comportarte cuando estás en servicio, así como la terminología principal. En poco tiempo, estarás usando abreviaturas de aviación y el alfabeto fonético como si fueran una segunda lengua. Hoy en día, la formación en línea es cada vez más común para las nociones básicas, incluidos vídeos para ayudar con el estudio autodidacta. Ya sea en casa o en aulas convencionales, aprender los conceptos básicos te preparará para la fase principal de tu formación como tripulación de cabina.

Preguntémosle a Gema,
una auxiliar de vuelo española de 24 años.

«¡**Divertirse era lo más importante!**».

«En tu primer día te esperan muchas impresiones nuevas. Todo el mundo intenta causar una impresión perfecta a pesar de los nervios. En tu primer día, te despides de los viejos hábitos mientras intentas aclimatarte a tu nuevo entorno de trabajo. Si eres abierta y simpática con tus nuevos colegas, harás nuevos amigos de inmediato, incluso en los primeros días.

Tengo recuerdos tan vívidos de mi primer día. Creo que fue uno de los días más emocionantes de mi carrera. Estaba muy feliz de comenzar a formarme como auxiliar de vuelo. Yo misma pagué mi entrenamiento, así que estaba bajo mucha presión para hacerlo bien, pero divertirme seguía siendo lo más importante para mí. Estaba muy motivada y entusiasmada, muy llena de optimismo y abierta a conocer a las personas que me rodeaban.

El centro de formación estaba en una zona remota, en medio de la nada. Había unos edificios antiguos que habían sido renovados por dentro de manera muy moderna. En el sitio de capacitación no había mucho más que aulas, oficinas administrativas y una tienda donde se podía comprar comida. Junto al centro de formación había edificios más pequeños con viviendas y dormitorios. Eso era todo, nada más que nos distrajera de aprender sobre nuestro nuevo trabajo. ¡Era perfecto!

No había habitaciones individuales, así que debía compartir la mía con otras dos chicas. Como un grupo de estudio, trabajamos técnicas de aprendizaje. Aprendíamos unas de otras, revisábamos juntas montones de material y nos probábamos mutuamente. Vivir juntas así significaba que todas teníamos que contribuir. No había forma de esconderse entre la multitud. Cada una de nosotras, tenía que hacer su parte. Nos reímos, discutimos y volvimos a reconciliarnos con la misma rapidez.

Si las cosas se ponían difíciles y algo nos llevaba al límite, unas a otras nos animábamos a seguir adelante y no rendirnos, pasara lo que pasara. Descubrimos más sobre nuestras propias debilidades, pero al mismo tiempo, también aprendimos a aceptar las debilidades de los demás. Nos inspirábamos mutuamente y celebrábamos los éxitos de cada una, tanto los grandes como los pequeños. Lo que empezó ese primer día de entrenamiento se convirtió en una amistad que durará toda la vida».

Procedimientos estandarizados

Dependiendo del tamaño de la compañía aérea, puede haber un gran número de vuelos diarios, desde unos pocos hasta varios cientos. Y cada despegue y aterrizaje implica un gran esfuerzo para preparar a tiempo a los pasajeros y su equipaje. La tripulación de cabina tiene que completar varias tareas rutinarias siguiendo reglas y estándares establecidos, acciones aleatorias no darán en el blanco. Las operaciones de vuelo siguen un conjunto de procedimientos, manuales, directrices y listas de verificación estandarizados, etc., que se conocen como Procedimientos Operativos Estándar (SOP, por sus siglas en inglés, *Standard Operating Procedures*).

> «Los manuales detallan exactamente lo que se supone que debes hacer, y dónde y cuándo hacerlo».
> Thomas, 20 años, Alemania.

Un buen ejemplo de una tarea estandarizada es la demostración de seguridad. Si esto se explicara de forma diferente cada vez, resultaría confuso para los pasajeros e incluso podría provocar una manipulación incorrecta del equipo de seguridad, o que no se siguieran correctamente las instrucciones, lo cual sería un desastre en un caso de emergencia.

El cumplimiento de los Procedimientos Operativos Estándar no es diferente del cumplimiento de las instrucciones de trabajo estándar porque, al fin y al cabo, cada instrucción del manual constituye una protección legal para el personal de aviación. De hecho, las disposiciones establecidas en el manual sirven como base para las decisiones que pueden ser necesarias en situaciones conflictivas entre miembros de la tripulación o con un pasajero. De este modo, se reduce al mínimo la arbitrariedad y los problemas a bordo pueden resolverse rápida y eficazmente.

El manual también contiene respuestas a preguntas específicas. Por ejemplo, las normas sobre los horarios de servicio y de descanso o si se permite subir a bordo a los pasajeros mientras se reabastece el avión, si se pueden transportar animales domésticos en la cabina de pasajeros y qué filas están destinadas a los bebés.

Los niños, por ejemplo, necesitan un acompañante y su propio pasaporte. Sin embargo, dado el creciente número de padres que viven o trabajan fuera de casa, no siempre les es posible acompañar a sus hijos en los vuelos. Esta es la razón por la que las aerolíneas permiten que los niños, generalmente de 5 años o más, viajen como menores no acompañados, en cuyo caso la aerolínea es la responsable de cuidar al niño. Durante el vuelo, la tripulación de cabina se encargará del cuidado del niño, mientras que en tierra la compañía aérea cuenta con personal que presta este servicio. Las normas para este tipo de situaciones también figuran en los manuales.

Si alguien está siendo deportado de un país o tiene que viajar en avión para asistir a una comparecencia ante el tribunal, debe ir acompañado de un agente encargado de hacer cumplir la ley, un miembro de la fuerza policial o profesionales de seguridad capacitados. Los detalles sobre el número de empleados que atienden al pasajero, sus antecedentes y otros detalles o medidas de seguridad se manejan con la más estricta confidencialidad. Los demás pasajeros no suelen tener conocimiento de ello. Las extradiciones por vía aérea, si bien no son del todo inusuales, tampoco forman parte habitual del trabajo.

Esto no afecta la presencia ocasional a bordo de un oficial de seguridad conocido como «*air marshal*» o «*sky marshal*» cuyo trabajo consiste en detectar amenazas a la seguridad en rutas de alto riesgo. En este caso las normativas difieren, por lo que depende enteramente de la política de información de la compañía aérea y de la situación jurídica respectiva si la tripulación será informada o no sobre el *marshal* a bordo.

Los Procedimientos Operativos Estándar cubren incluso incidentes muy improbables y graves. En caso de emergencia, el personal dispone de una guía sobre cómo responder y actuar en caso de amenaza de bomba, secuestro, actos de sabotaje o transporte no autorizado de armas químicas o biológicas. El manual describe los pasos necesarios para evadir una amenaza potencial o resolver una situación crítica.

Ciertos incidentes que ocurren durante un vuelo deben ser reportados. Esto aplica en particular a infracciones relacionadas con el vuelo e incidentes vinculados con la seguridad, como pasajeros agresivos u ofensivos. Más allá de esto, los auxiliares de vuelo tienen la posibilidad de presentar informes voluntarios para llamar la atención sobre un tema determinado. Esto incluye propuestas de mejoras de los procedimientos de trabajo, así como cambios en el servicio de comidas y bebidas a bordo. En lugar de encubrir las irregularidades, se deben buscar las causas profundas y resolver los problemas.

Tu espacio de trabajo a bordo

Pueden parecer similares por fuera, pero en realidad las aeronaves difieren por dentro. Cada cabina es un poco diferente porque están diseñadas para cumplir su propósito específico. Esto es especialmente cierto en el caso de la cocina, que se diseña íntegramente según los deseos de la compañía aérea. Sin embargo, dentro de la flota de una línea aérea, los modelos de aeronaves del mismo tipo suelen tener equipamientos iguales a bordo.

En el caso de las aeronaves para pasajeros utilizadas para vuelos chárteres y regulares, existe un número muy reducido de fabricantes, aunque construyen una amplia variedad de modelos diferentes. Los fabricantes más conocidos son Airbus, Boeing, Bombardier, Embraer, Ilyushin, Sukhoi y Tupolev. Durante tu formación, conocerás los aviones de tu empleador y sus distintos interiores, lo cual garantizará que puedas orientarte fácilmente.

Otra parte importante de la formación trata sobre el equipamiento necesario en un avión. Ciertos equipos básicos están prescritos por ley y se establecen en lo que se conoce como Lista de Equipo Mínimo (MEL, por sus siglas en inglés, *Minimum Equipment List*). Durante tu formación, aprenderás sobre los equipos individuales, su finalidad, cómo utilizarlos y dónde encontrarlos en la aeronave. Posteriormente, tú y tus compañeros auxiliares de vuelo utilizarán listas de verificación y procedimientos de trabajo bien ensayados para revisar todo el equipo al comienzo de cada turno y asegurarse de que funciona correctamente y que no falte nada. Esta es la única manera de asegurarse de tener a bordo todo el equipo correcto antes del despegue y de que todo funciona correctamente.

A lo largo de tu formación básica, e incluso como una auxiliar de vuelo totalmente capacitada, tus conocimientos sobre el equipo de emergencia a bordo se pondrán a prueba constantemente. Esto incluye saber exactamente dónde se guardan y cómo utilizar elementos como el extintor de incendios, el equipo de primeros auxilios, los toboganes de emergencia y los chalecos salvavidas. La nota de aprobación de las pruebas escritas, que es de 75 % o más, ha sido ampliamente aceptada en la industria aeronáutica. Si obtienes una puntuación inferior al 75 % en tu primer intento, podrás volver a realizar el examen; sin embargo, dependerá de la aerolínea decidir con qué frecuencia puedes volver a presentarlo.

Transporte de mercancías peligrosas

Es responsabilidad del aeropuerto —y en particular de su personal de seguridad— comprobar que el equipaje de mano de los pasajeros no contenga artículos prohibidos. Sin embargo, se recomienda precaución, ya que entre los artículos permitidos también se incluyen materiales y sustancias que aún pueden representar un riesgo para la seguridad a bordo. Por ejemplo, se permiten dispositivos electrónicos como teléfonos móviles u ordenadores portátiles, a pesar de que en cualquier momento pueden sobrecalentarse o, en el peor de los casos, incluso incendiarse. Objetos cotidianos como estos rápidamente pueden convertirse en artículos peligrosos sin que los pasajeros sean conscientes de ello.

Con el fin de proteger a todas las personas dentro de la aeronave, una de tus responsabilidades es reconocer los materiales que están prohibidos llevar a bordo o que están sujetos a condiciones especiales de transporte. Distinguir entre artículos inofensivos, peligrosos y prohibidos forma parte de tu formación y, en ocasiones, se enseña mediante simulaciones de casos prácticos y ejercicios en grupo.

Aterrizaje de emergencia en el agua

El personal de la tripulación de cabina recibe repetidas formaciones sobre los procedimientos necesarios para evacuar una aeronave completa de manera rápida y segura en una situación de peligro. Las instrucciones que deben darse en tales situaciones son de vital importancia porque son estas indicaciones y anuncios claros los que te dicen a ti, al resto de la tripulación y a los pasajeros qué hacer en caso de emergencia. En aterrizajes de emergencia en el agua — también conocido como amerizaje forzoso — deberás tomar la iniciativa y asumir el papel de experto en supervivencia.

Los toboganes estándar de emergencia con los que están equipados la mayoría de las aeronaves de pasajeros, pueden desplegarse y utilizarse en cuestión de segundos. Permiten una salida segura y pueden utilizarse como balsas salvavidas si es necesario. Dependiendo del tipo de aeronave, existen balsas salvavidas adicionales que les proporcionan protección tanto a los pasajeros como a la tripulación en aguas abiertas. En caso de emergencia, el botiquín de primeros auxilios, las reservas de alimentos y el transmisor de emergencia de las balsas aumentarán las posibilidades de supervivencia y de ser encontrados rápidamente.

En el improbable caso de un aterrizaje de emergencia en el agua, las aeronaves están equipadas con chalecos salvavidas. Los diferentes colores hacen posible distinguir a simple vista quiénes forman parte de la tripulación y quiénes son pasajeros. Mientras que los pasajeros usan chalecos salvavidas de color amarillo brillante, los de la tripulación son de color naranja.

Ponerse y utilizar chalecos salvavidas dentro y fuera del agua forma parte del entrenamiento, al igual que aprender técnicas de supervivencia en mar abierto. Aunque el ahogamiento es uno de los posibles peligros tras una maniobra exitosa de amerizaje, el riesgo de hipotermia causado por las bajas temperaturas del agua no debe subestimarse. Para estar preparado para esto en caso de emergencia, existe una posición protectora eficaz que ralentiza el descenso de la temperatura del cuerpo en el agua.

> **«Hacemos ejercicios prácticos para ejercitar nuestra memoria muscular. Se trata de repetir ciertos movimientos varias veces para que se produzcan automáticamente cuando la situación lo requiera. Por ejemplo, cómo ponerse un chaleco salvavidas».**
> Amgad, 34 años, Libia.

¡Diversión acuática con un toque diferente! Estos ejercicios se hacen lo más realistas posible y se llevan a cabo en piscinas. En lugar de trajes de baño normales, usas ropa habitual cuando saltas al agua. Esta simulación te mostrará cuán diferente es tu movilidad cuando llevas un uniforme debajo de un chaleco salvavidas. Verás lo difícil que es ayudarte a ti mismo y a los demás y aprenderás cómo brindar asistencia eficaz en una situación de emergencia como esta.

Fuego y humo espeso

Si se produce un incendio durante un vuelo, debes ser capaz de extinguir la fuente de peligro. Por eso aprenderás todos los procedimientos necesarios en un ambiente seguro. Una gran parte de la formación está dedicada a la prevención eficaz, es decir, a determinar y combatir las causas de los incendios.

Aunque fumar a bordo está estrictamente prohibido y es peligroso, no todos los pasajeros cumplen con esas normas. El cenicero en el baño no es más que una medida de precaución. Si alguien ignora todas las advertencias, aún puede deshacerse de su cigarrillo encendido correctamente. La eliminación descuidada de los productos del tabaco en el contenedor de basura puede poner en riesgo la seguridad de todos los que están a bordo. Las toallas de papel y otros materiales son altamente inflamables, lo cual significa que las llamas podrían propagarse rápidamente a otras áreas de la cabina de la aeronave.

Para reducir el riesgo de incendio, cada baño está equipado con una alarma sensible al humo. Si esta se activa, se emitirá una fuerte señal sonora tanto en la cabina del piloto como en la aeronave. Los cursos regulares de formación le enseñan a toda la tripulación de vuelo cómo responder a estas advertencias de forma rápida y adecuada, porque en caso de emergencia hay poco tiempo para controlar las llamas. El fuego y el humo son tan peligrosos que es imperativo que los miembros de la tripulación practiquen la extinción de un incendio antes de su primer vuelo.

En caso de alarma de incendio, se dispone de guantes, máscaras de oxígeno y ropa protectora. El equipo es similar al de un buceador de aguas profundas poco antes de una inmersión. Los ejercicios de extinción de incendios se llevan a cabo en lo que se conoce como maqueta, que es más o menos un modelo de aeronave utilizado con fines de demostración. En la maqueta se simulan incidentes importantes para darte una idea de lo que sucederá en tales emergencias.

Como si estuvieras en un avión real, la cabina se llenará rápidamente de humo, estará a oscuras y unas franjas luminosas en el suelo te guiarán hasta la salida de emergencia más cercana, por la que saldrás de la aeronave replicada en presencia de un instructor experimentado. Sólo aquellos que demuestren que saben cómo utilizar su equipo de seguridad y sean capaces de coordinarse con sus compañeros en una situación de emergencia, estarán listos para realizar tareas de vuelo fuera del entorno de entrenamiento. Si estalla el pánico, tener la capacidad de mantener la calma entre los pasajeros es tan importante como saber manejar adecuadamente el equipo contra incendios de a bordo.

Preguntémosle a Seoyoung,
una auxiliar de vuelo de 33 años originaria de Corea del Sur.

«¡Siempre estamos bien preparados!».

«Hasta el despegue, fue un día de trabajo como cualquier otro. Inmediatamente después del despegue, se percibió un olor a humo en la aeronave. En ese momento yo estaba sentada en la cabina detrás de los pilotos. Ambos repasaron sus listas de verificación con calma y minutos después aterrizaron el avión sano y salvo en el lugar desde el que había despegado. Al igual que nosotros, los auxiliares de vuelo, nuestros pilotos también están bien preparados para estos casos, por raros que sean».

Pérdida de presión en cabina

Un componente obligatorio de la demostración de seguridad es el uso adecuado de las máscaras de oxígeno para poder reaccionar de forma rápida y segura en caso de una pérdida de presión en la cabina. Estos primeros segundos pueden determinar tu bienestar y el de tus pasajeros.

Un breve ejemplo del contexto muestra por qué esto es tan importante en los vuelos comerciales: la altitud media de crucero de una aeronave de pasajeros es de unos 11.000 metros (unos 36.000 pies). A esta altitud, es imposible respirar de forma natural, es decir, sin ayuda. Esta es la razón por la que, a una altitud de crucero, el aire dentro de la cabina está presurizado a un nivel aproximado de 2.500 metros (unos 8.200 pies), lo cual permite respirar sin molestias. Los alpinistas extremos saben que cualquier punto a unos 7.000 metros (aproximadamente 23.000 pies) sobre el nivel del mar —en lo que se conoce siniestramente como «zona de la muerte»— se necesita un suministro adicional de oxígeno para sobrevivir. A medida que aumenta la altitud, la saturación de oxígeno en la sangre desciende continuamente, lo que provoca una insuficiencia de oxígeno en los tejidos—un estado conocido como hipoxia.

Por eso es necesario crear una presión artificial dentro de la cabina, de lo contrario, las personas no podrían respirar a bordo —eso significa que no podrían viajar—. En las aeronaves comerciales modernas, el nivel óptimo de presión atmosférica se regula automáticamente. Los motores accionan un compresor que comprime el aire de admisión. Una parte de este aire comprimido, que todavía es extremadamente caliente, se dirige a una unidad de refrigeración y luego al sistema de aire acondicionado. El aire nuevo se mezcla con el ya existente en la cabina, proporcionando unas condiciones ambientales agradables a bordo.

En caso de que la cabina presurizada no funcione correctamente, la presión puede controlarse manualmente desde la cabina del piloto. En un caso, extremadamente raro, de fallo total, las máscaras de oxígeno que están ubicadas en el panel situado encima de los asientos se despliegan automáticamente. Para garantizar el suministro inmediato de oxígeno a los niños, los bebés y a la tripulación de vuelo que trabajan en los pasillos, siempre hay más mascarillas que asientos. Cuando es necesario, se despliegan y suministran aire suficiente para los pasajeros de un avión lleno durante unos quince o veinte minutos. Este tiempo es suficiente para descender a una altitud de crucero en la que los pasajeros puedan volver a respirar normalmente sin la ayuda de una máscara de oxígeno. Luego se realizará un aterrizaje seguro en el aeropuerto más cercano.

Primeros auxilios y medidas de salvamento

Como una auxiliar de vuelo, te ves involucrada en muchos menos incidentes técnicos de los que el público en general podría pensar. De hecho, es muy probable que tengas que administrar primeros auxilios. Dado que las aeronaves comerciales se han hecho cada vez más fiables y seguras a lo largo de las décadas, el número de asientos ha aumentado a medida que estas se han vuelto cada vez más grandes, pero no sólo ha aumentado el número de asientos, el tiempo medio de vuelo también ha aumentado. Hoy en día es posible pasar quince horas o más a bordo de un avión. Sin embargo, cuanto más largo sea el vuelo, mayor será el riesgo de que surjan problemas de salud. Una de las principales razones de esto es que los pasajeros son muy propensos a seguir adelante con un vuelo, a pesar de tener problemas de salud o que su condición no sea la mejor en ese momento.

Sin embargo, volar puede afectar incluso a las personas más sanas; problemas circulatorios, náuseas, hinchazón, diarrea, dolores de cabeza y de oído son las dolencias más comunes y la salud de las personas puede empeorar en un instante. Muy poca gente se prepara para estas contingencias, por lo que rara vez llevan medicamentos consigo, eso significa que depende de ti y de tus compañeros de tripulación acudir al rescate, por así decirlo.

Durante tu formación, aprenderás a reconocer los síntomas de diversas enfermedades y lo que debes hacer para ayudar a aliviarlas. Tu repertorio de conocimientos debe incluir cómo lidiar con enfermedades cardiovasculares, dificultades respiratorias, sensación repentina de desmayo, pérdida del conocimiento, convulsiones y cualquier problema resultante de accidentes, lesiones y quemaduras con o sin la influencia del alcohol, medicamentos o drogas.

A las futuras auxiliares de vuelo a menudo les preocupa hacer algo mal cuando intentan ayudar a otros. Además, con el limitado equipo médico a bordo no hay mucho que puedes hacer para ayudar. El miedo a cometer errores es perfectamente natural, pero aprenderás a superarlo en escenarios de formación específicos. El verdadero desafío no reside tanto en las medidas de primeros auxilios en sí como en las condiciones a bordo de la aeronave. Esto incluye el espacio reducido, el ambiente ruidoso y los niveles elevados de adrenalina. Cada medida de tratamiento es observada atentamente por los pasajeros de los asientos circundantes. Y la presencia de familiares indefensos te somete a una presión aún mayor, ya que esperan con esperanza que puedas ayudar a su ser querido.

A menudo encuentras entre los pasajeros a profesionales médicos, una enfermera o personal de emergencia. Su apoyo puede ayudar a evitar que la aeronave tenga que realizar un aterrizaje de emergencia no programado. Si el estado del pasajero requiere tratamiento urgente en tierra, el piloto intentará aterrizar la aeronave en el aeropuerto más cercano lo antes posible, ya que (a menudo) en casos como este cada minuto cuenta. Para alertar a otras aeronaves y a los controladores de tráfico aéreo de la emergencia, los pilotos envían la señal de socorro: «*¡MAYDAY, MAYDAY, MAYDAY!*». La aeronave en cuestión entonces recibirá prioridad inmediata en el tráfico por radio y en los procedimientos de aproximación y aterrizaje.

Preguntémosle a Bernadette,
una auxiliar de vuelo francesa de 28 años.

«Prefiero ayudar que quedarme ahí sintiéndome impotente».

«Después de un incidente grave a bordo, ya sea un problema técnico o una emergencia médica, lo más importante son los pasajeros y su bienestar. Casi nadie piensa en la tripulación de cabina, que a veces también necesita cuidados.

Como auxiliares de vuelo, sabemos que, si ocurre una situación de emergencia, esta puede tener un impacto duradero, independientemente de nuestra capacitación y cómo respondamos. En nuestra formación aprendemos a afrontar emergencias técnicas y médicas, pero nuestra capacidad para influir en ellas es limitada. Si uno de los pasajeros sufre un paro cardíaco, tomamos medidas inmediatas para intentar salvarle la vida. Si no logramos salvarle la vida al pasajero a pesar de todas las acciones que emprendamos, no hay nada que podamos hacer para detener las reacciones y sentimientos que seguramente se desencadenarán a bordo. Nosotros mismos empezamos a luchar con nuestros propios pensamientos y a hacernos todo tipo de preguntas.

Yo participo activamente en un programa llamado *Volunteer Peer Support*, que es un grupo de personas no profesionales que ayudan a cualquier individuo que se vea afectado por este tipo de situaciones. Las personas pueden acudir a nosotros en busca de apoyo y charlar sin necesidad de acudir a un psicólogo, psicoterapeuta o médico aeronáutico. Los compañeros traumatizados a menudo necesitan un colega con conocimientos y empatía que sepa cual acción podría ayudarlos y cual no en situaciones tan traumáticas.

Cuando mi empleador me ofreció la oportunidad de participar en este programa, no dudé en unirme. Si uno de mis compañeros no se encuentra bien y tengo que elegir, prefiero ayudar a quedarme ahí sintiéndome impotente».

Embarque completado:
¡que comience la demostración de seguridad!

Aunque la formación que recibes se basa esencialmente en la práctica, tan pronto como llega el momento de seguir los procedimientos exactos del día a día de un vuelo, puede resultar un poco pesado en teoría. Pero la buena noticia es que, en este punto, tu futura profesión ya está a tu alcance. En el aula, tú y tus compañeros serán transportados mentalmente a bordo de una aeronave para discutir las medidas preventivas para los pasajeros.

Después del aterrizaje, la tripulación de vuelo suele disponer de treinta a cincuenta minutos para preparar la aeronave para el vuelo de regreso o el siguiente. Las compañías aéreas de bajo costo suelen disponer incluso de menos tiempo. Durante este tiempo, los auxiliares de vuelo están muy ocupados organizando el *catering*[2] y guardando los artículos que quedaron tirados en la cocina. Mientras esto sucede, el personal de limpieza trabaja a toda máquina para limpiar la cabina de

---

[2] Según la RAE, se denomina *catering* al servicio de suministro de comidas y bebidas a aviones, trenes, colegios, etc.

cartones de bebidas, restos de comida, polvo, suciedad y cualquier otra cosa que haya quedado del vuelo anterior. Una vez finalizados todos los trabajos, se podrá autorizar el embarque de los pasajeros.

Cuando todos los pasajeros están en la aeronave, se hace un anuncio: «¡Embarque completado!». Ese será el momento de familiarizar a los pasajeros con las normas de seguridad. Ya sea por desinterés o por falta de atención, a veces los anuncios por altavoz no son suficientes y hay que volver a explicarles las normas a algunos pasajeros. Aunque algunas solicitudes no siempre tienen un sentido inmediato, todos deben seguir las medidas de seguridad.

Tomemos como ejemplo los teléfonos móviles, estos sólo podrán utilizarse a bordo si está activado el modo avión. Este reglamento garantiza que los pasajeros no se distraigan con sus propios dispositivos y escuchen más activamente los anuncios realizados a bordo por la tripulación del vuelo. En situaciones de emergencia, esto a veces puede resultar vital.

Además, durante el despegue y el aterrizaje, se les pide a los pasajeros que coloquen su asiento en posición vertical y que plieguen las bandejas que se encuentran delante de ellos. Aunque esta superficie adicional es ideal para apoyar documentos, libros, *smartphones* o *tablets*, esta podría provocar graves lesiones abdominales en caso de que la aeronave tuviera que frenar bruscamente. En caso de un aterrizaje de emergencia, se les solicita a los pasajeros que adopten lo que se conoce como posición de apoyo. Para minimizar el riesgo de lesiones en los órganos internos, el cuerpo queda firmemente sujeto entre las filas de asientos. Sin embargo, los pasajeros sólo tendrán el espacio requerido para adoptar esta posición si el respaldo de la fila de asientos de adelante se ha colocado en posición vertical.

Otro requisito es que las persianas de las ventanillas de la aeronave se mantengan abiertas durante el despegue y el aterrizaje. Esto permite que tanto los pasajeros como la tripulación de cabina tengan una visión sin obstáculos del exterior de la aeronave en caso de una sitúación peligrosa, permitiéndoles evaluar mejor la misma. Esta también es la razón por la que las luces de la cabina se apagan o atenúan en vuelos nocturnos o al atardecer, pues permite que los ojos se acostumbren mejor a la oscuridad del interior de la aeronave y a las condiciones de luz externas. También permite que las franjas de luz en el suelo pueden verse más rápidamente. En caso de emergencia, estas luces conducen a la salida de emergencia más cercana, y dado que esta puede ser la única forma de salir de la aeronave, es importante que estas vías se mantengan libres de equipaje de mano y de chaquetas en todo momento.

Las filas de salidas de emergencia son bastante populares entre los viajeros porque ofrecen más espacio para estirar las piernas que las filas de asientos estándar en la clase económica. Estos asientos no pueden ser ocupados por ninguna persona que necesite ayuda en caso de evacuación, como niños, mujeres embarazadas y personas con movilidad limitada por enfermedad o por la edad.

Preguntémosle a Mark,
un auxiliar de vuelo de 51 años de EE. UU.

«Son los niños los que prestan atención».

«Normalmente, muy pocos pasajeros prestan atención a las demostraciones de seguridad —excepto los niños o pasajeros nerviosos que hayan oído hablar recientemente de un accidente aéreo—, aunque estos nervios generalmente sólo duran una semana, luego el accidente desaparece de sus memorias. Como auxiliares de vuelo, generalmente estamos acostumbrados a que la gente no nos haga caso, a menos que haya turbulencias o ruidos desconocidos, en cuyo caso de repente tenemos toda la atención de un centenar de pasajeros que nos miran desconcertados al mismo tiempo. En esos momentos, es importante no parecer preocupado, independientemente de lo que esté ocurriendo, recuerda que tu expresión facial puede decir más que mil palabras».

Servicio de refrescos a bordo

En tu formación no sólo aprenderás las medidas de seguridad que podrían ser esenciales para la supervivencia, también te prepararás para las tareas cotidianas de una auxiliar de vuelo. Una de esas tareas, por ejemplo, es atender a los pasajeros a bordo. Para muchos pasajeros, esto puede marcar la diferencia en cuanto a su grado de satisfacción de su experiencia a bordo del avión.

Los servicios de alimentos y bebidas tienen una larga tradición en el transporte aéreo. En los inicios de la aviación comercial, cuando las aeronaves aún no eran un medio de transporte masivo, las comidas ofrecidas eran una forma de subrayar la exclusividad de un vuelo. Al mismo tiempo, era una señal para todos aquellos que volaban por primera vez de que no había motivo para tener miedo. Después de todo, ¿cómo puede ser peligroso cuando haces algo tan ordinario y mundano como comer mientras estás a bordo? Esta idea básica se ha mantenido inalterada hasta nuestros días. Comer no sólo distrae a las personas y las hace olvidar sus ansiedades y preocupaciones, sino que también aumenta la sensación general de bienestar y satisfacción personal.

Incluso en vuelos cortos, a muchos pasajeros les gusta comer algo ligero. En todo caso, en los vuelos de corta distancia, lo único que se ofrece son bocadillos. Dependiendo de la aerolínea y la gama de servicios incluidos en el precio del boleto aéreo, los refrigerios pueden estar incluidos en la tarifa o adquirirse a bordo. Sólo en vuelos de larga distancia es habitual que se incluyan comidas completas en el precio del billete.

Durante tu formación, una de las primeras cosas que aprenderás es cómo organizarte en la cocina. Esto es importante porque cada caja de almacenamiento tiene su propio espacio asignado. Es importante respetar a toda costa este sistema bien pensado a la hora de guardar o sacar la comida. Lo mismo aplica para la forma en que están dispuestos los carritos de comida y bebida, que también aprenderás en ejercicios prácticos.

A cada auxiliar de vuelo se le asigna un área específica de la aeronave y es responsable de determinadas filas de asientos. El servicio a bordo se proporciona según un plan establecido que se discute antes del vuelo. Muchas aerolíneas optan por atender primero a los pasajeros ubicados en la ventanilla, luego a los de los asientos del medio y finalmente a los del pasillo.

> **«Si puedo superar las expectativas de mis pasajeros, volverán a volar con nosotros en el futuro».**
> Danielle, 24 años, Singapur.

La presentación uniforme de alimentos y bebidas es una parte tan importante del trabajo como la preparación de comidas calientes en el horno antes de comenzar el servicio a bordo. En la práctica, la cantidad de conocimientos adicionales necesarios para esto depende de una serie de factores, como el nivel general de servicio que ofrece la aerolínea, las opciones que permite el tipo de aeronave y si se trata de un vuelo de corta o larga distancia. Además, hay compañías que ofrecen algo más que un asiento para llevarte de A hacia B. Naturalmente, el *catering* a bordo de estas aerolíneas incluirá uno o dos extras. También hay que tomar en cuenta aspectos específicos de cada país, como el servicio de alcohol o hábitos alimenticios particulares, mientras que el servicio de refrigerios y comidas más ligeras es mucho más sencillo.

Los pasajeros de clase ejecutiva y primera clase suelen recibir una atención más personalizada por parte de los auxiliares de vuelo. El servicio a bordo para estos pasajeros incluye una bebida de bienvenida servida en un bonito vaso; también pueden elegir su comida de un menú y esta se sirve en una vajilla adecuada. De hecho, a pesar de la importante diferencia de precio entre primera clase/ejecutiva y clase turista, para los clientes, todos esos «extras» parecen valer la pena.

Por cierto, la tripulación de cabina no suele recibir comidas. En todo caso, sólo se les permite comer el alimento de a bordo (los cuales están contabilizados) si las comidas no son reclamadas y ninguno de los pasajeros pide repetir. En vuelos de larga distancia, algunas compañías aéreas le ofrecen a la tripulación de cabina la posibilidad de encargar una comida, a precio reducido, pero que deben pagar ellos, a la empresa de *catering*, o utilizar el horno de la cocina de la aeronave para la comida que ellos mismos hayan llevado a bordo.

Problemas a bordo

Por muy única e individual que sea cada persona, normalmente encontrarás a bordo prácticamente todos los tipos de personalidad en cualquier vuelo. También es probable que te encuentres con personas que viajan por primera vez o de forma ocasional, así como con viajeros frecuentes que vuelan tanto por motivos laborales como privados. Sin embargo, independientemente de por qué viaje la gente y las experiencias de vuelo que hayan tenido, cada individuo tendrá sus propias expectativas personales en cuanto a cómo deberían funcionar las cosas cuando están a bordo.

Si alguien tiene miedo o preocupación, eso puede afectar su comportamiento a bordo. Si una persona tiene una experiencia desafortunada de camino o en el propio aeropuerto, eso puede afectar su estado de ánimo. No todos los pasajeros abordan la aeronave con un ánimo relajado o feliz. A menudo, pequeñas cosas —sentarse al lado de alguien desagradable, por ejemplo— puede ser suficiente para crispar aún más los nervios.

Los diferentes tipos de personalidad que te encontrarás en un vuelo incluyen, por ejemplo, los encantadores, los educados y los descorteses, los condescendientes, el viajero entusiasta, el ansioso, el interesado, el sabelotodo, el estresado, el bon vivant o vividor, el dominante, el simpático y el discutidor. De hecho, la lista es interminable; sin embargo, sirve para demostrar la enorme variedad de emociones a las que te enfrentarás cada día como una auxiliar de vuelo.

A lo largo de tu carrera, en efecto, encontrarás una gran variedad de personalidades y comportamientos entre tus pasajeros, eso requerirá un alto grado de competencia social y empatía de tu parte para poder tratar con las diferentes idiosincrasias a las que te enfrentarás. Cualquierra sea el caso, el objetivo final es siempre el mismo: hacer de cada pasajero un cliente recurrente. Al fin y al cabo, cualquier pasajero puede acabar teniendo que comprar otro billete al día siguiente y, ante la elección de volar contigo o con un competidor, querrás que te elijan a ti.

A menudo es un complicado acto de equilibrio el trato amable del cliente o adoptar una postura de confianza en ti mismo que te permita imponerte, especialmente en situaciones de conflicto. Esto último es absolutamente necesario porque, después de todo, cada viajero tiene que aceptarte y respetarte a ti y a tus compañeras de tripulación como las responsables de tomar las decisiones. Una actitud agradable y un poco de encanto pueden contribuir en gran medida a cambiar el comportamiento de los pasajeros y orientarlos en una dirección más positiva. Durante tu entrenamiento, podrás practicar estas técnicas con la ayuda de juegos de roles y aprenderás a dejar de lado las emociones personales a la hora de controlar estas situaciones.

Cuando estés a bordo, tu actitud y tu conducta deben ser profesionales en todo momento. Un lenguaje corporal positivo y un comportamiento ejemplar ayudarán a que los pasajeros se sientan cómodos y bien atendidos a bordo, incluso aquellos que tienen miedo de volar. Mantener la calma y parecer relajado puede ser particularmente importante cuando hay turbulencias. En tales situaciones —cuando el piloto activa las señales de ajustarse el cinturón de seguridad durante condiciones climáticas adversas— los pasajeros tienden a buscar contacto visual con la tripulación. Por eso es absolutamente esencial que tú y tus compañeros de tripulación trasmitan calma, incluso en situaciones potencialmente riesgosas o inciertas.

Emociones exacerbadas y resolución de problemas

¿Qué debes hacer cuando las cosas no salen según lo planeado, cuando surgen problemas, las situaciones se salen de control y los pasajeros se enojan? En primer lugar, es importante escuchar a la persona afectada, permitirle hablar y luego preguntar si existe algo que requiera ser aclarado. Una descortesía nunca debe ser correspondida, esto es importante, aunque sólo sea para mantener una interacción respetuosa. Si tu interlocutor se muestra poco cooperativo, la situación podría empeorar y eso definitivamente es algo que debe evitarse en el aire.

Tu formación incluye el aprender estrategias y tácticas que te ayudarán a encontrar soluciones para resolver disputas. Se discutirá cómo los auxiliares de vuelo pueden defenderse, cuándo establecer límites y las posibles consecuencias. Un pasajero rebelde podría poner en peligro la seguridad del vuelo, por ejemplo, provocando tensiones mediante ataques verbales, agitando a otros pasajeros y causando problemas.

El estrés excesivo, el consumo de alcohol o de drogas pueden provocar comportamientos agresivos, discusiones fuera de tono, amenazas viciosas, acoso y violencia física, ninguna compañía aérea tolerará este tipo comportamiento. En casos extremos, los pilotos se verán obligados a realizar un aterrizaje no programado y entregar al alborotador a las autoridades locales. La consecuencia de esto sería la prohibición de volar de por vida con esa aerolínea. Para que no se llegue a ese punto, la tripulación hará todo lo que esté a su alcance para paliar la situación empleando técnicas de distensión.

Y lo contrario, la capacidad de ofrecer una disculpa sincera por cualquier error que se haya cometido es vital para la resolución de conflictos. Si algo sale mal, sé sincero y discúlpate con el pasajero, hacerlo realmente puede ayudar a aliviar la situación, independientemente de quién sea el culpable, si la compañía aérea o la tripulación. Las perogrulladas, las excusas poco convincentes o el apaciguamiento sólo servirán para aumentar la frustración y el enojo, y deben evitarse a toda costa. Si un pasajero tiene la sensación de que no se le toma en serio, la situación de conflicto sólo empeorará.

Preguntémosle a Nadia,
una auxiliar de vuelo canadiense de 24 años.

«No te lo tomes como algo personal».

«En esta línea de trabajo, estás obligado a lidiar con complejos patrones del comportamiento humano. No es fácil evaluar objetivamente cuando alguien está siendo "difícil". Sin embargo, si tienes la opción, probablemente haya ciertas experiencias que preferirías no vivir. Con el tiempo, es posible que te enfrentes a abusos verbales o que te encuentres siendo víctima de los caprichos de algún pasajero. Ya sea conscientemente o no, los pasajeros a menudo se comportarán de una manera que te desafiarán y llevarán tu paciencia al límite. A más tardar, cuando te encuentres en medio de una situación de este tipo, sabrás lo importante que es disponer de herramientas que te ayuden a resolver conflictos.

Imagínate a un pasajero sabelotodo que intenta imponerte su opinión, sermoneándote y, en general, siendo agresivo e intrusivo. Estos pasajeros se consideran una especie de autoridad en todo tipo de temas y están convencidos de que saben mucho más que tú. Una razón común para este comportamiento es un deseo exagerado de admiración y reconocimiento público. Podrías sentirte tentado a responderle haciendo uso de tus propios conocimientos, pero eso sólo molestará aún más al pasajero y no te llevará a ninguna parte. Estas situaciones no suelen afectar la seguridad a bordo, por lo que no debes prestarle mucha atención a este tipo de comportamiento. La regla general es: interactúa lo menos posible y tanto como sea necesario.

A lo que te enfrentarás con mucha más frecuencia será a pasajeros egoístas. Este tipo de personas suelen ser la razón por la que se trate injustamente a otros o por la que surgen conflictos. Puede comenzar de forma inofensiva; por ejemplo, se extienden por toda la fila de asientos, sin dejarle espacio a la persona sentada a su lado, o reclaman para sí el reposabrazos entre las sillas y se apoderan de las persianas.

Este tipo de comportamiento genera problemas y discusiones interminables y desagradables. La obstinación no facilitará tus esfuerzos por mediar entre los pasajeros y restablecer su bienestar.

Como una auxiliar de vuelo, aprendes lo que significa ofrecer soluciones con amabilidad. Todo se reduce a cómo reaccionas, porque siempre habrá una forma de mejorar el estado de ánimo de otra persona. Es sólo que a veces se requiere un cambio de mentalidad y la capacidad de acercarse a los pasajeros y profundizar en tu bolsa de trucos para ayudar a crear un entorno libre de conflictos y más comprensivo. Si surge una situación difícil, habla con los pasajeros, es la mejor forma de saber qué quieren y qué esperan de ti. Y no te lo tomes como algo personal si no puedes estar a la altura de sus expectativas».

Tripulación de cabina, por favor, ¡tomen asiento para aterrizar!

Como preparación para el aterrizaje, se deberá completar el servicio de comida y bebida y recoger la vajilla usada junto con los posibles residuos. Tan pronto como la cabina está asegurada, se les envía a los pilotos un mensaje de cabina lista. Al igual que durante el despegue, la tripulación en la cabina debe saber que se han tomado todas las precauciones de seguridad relevantes en el área de pasajeros antes del aterrizaje.

Los minutos restantes hasta el aterrizaje pueden aprovecharse para repasar mentalmente los comandos de evacuación y el uso del equipo de emergencia. Después de un largo período de servicio o de innumerables horas de vuelo al año, esto no siempre es una tarea fácil. Después de todo, en algún momento volar se convierte en una rutina. Si ya estás pensando en el próximo vuelo o en lo que harás al final de tu turno, necesitarás cierto grado de autodisciplina para obligarte a realizar los procedimientos con regularidad. A fin de cuentas, si alguna vez sucediera algo inesperado, no querrás perder el tiempo pensando en qué procedimientos seguir. En tales casos, se trata de comprender rápidamente la situación, evaluar los peligros y aplicar lo aprendido.

Algunos pasajeros, por el contrario, se comportan irreflexivamente después del aterrizaje. Ignoran una y otra vez la petición de permanecer sentados con el cinturón abrochado hasta alcanzar la posición final de aparcamiento de la aeronave y mientras esta todavía está en movimiento, ellos ya están parados en el pasillo, hurgando en los compartimentos superiores de almacenamiento en busca de chaquetas y bolsos, y algunos incluso intentan apresurarse hacia la salida. Quienes hacen esto carecen no sólo de sentido común, sino también de conciencia de lo peligroso que puede ser desabrocharse el cinturón de seguridad en ese momento. En tierra, no son infrecuentes velocidades de desplazamiento de alrededor de 55 kilómetros por hora (aproximadamente 35 millas por hora). Puede que esto no parezca ser muy rápido, pero si lo comparas con conducir un automóvil, podrás ver rápidamente el riesgo de lesiones que existe en caso de una caída.

Para la tripulación de cabina, hacer cumplir las medidas de seguridad es un desafío diario. Requiere tacto y la capacidad de representar diferentes roles una y otra vez. Por un lado, debes ser un anfitrión amable y acogedor, pero para proteger a tus pasajeros de posibles peligros también necesitarás aplicar un enfoque asertivo, aunque amigable. Ten en cuenta que los bienes materiales son reemplazables, mas las personas no.

Entrenamiento de línea

Cuando finaliza la formación inicial, quiénes se han titulado como auxiliares de vuelo reciben un certificado que confirma que han completado con éxito su formación. Dependiendo de la región, se les expedirá un certificado de auxiliar de vuelo o simplemente tendrán que presentarse ante la autoridad aeronáutica correspondiente. Por último, pero no menos importante, se les entregará una tarjeta de identificación de tripulante, que deberán llevar consigo en todo momento mientras estén de servicio (es obligatorio según la legislación internacional). Una vez que tengas tus alas —tu certificado de tripulación de cabina y tu tarjeta de identificación— ¡ya estarás lista para que despegue tu primer vuelo!

No serás abandonada en los primeros pasos que des como nueva auxiliar de vuelo. Esos vuelos iniciales implicarán formación en el puesto de trabajo y familiarización con el trabajo en la vida real. Esto se conoce como «entrenamiento de línea». Es natural que no sepas qué hacer en esta etapa, por eso algunos miembros calificados de la tripulación te tomarán bajo su tutela y te mostrarán cómo funciona todo. Al mismo tiempo, tus instructores pondrán a prueba tus conocimientos de vuelo y, si es necesario, te explicarán nuevamente ciertos temas o intervendrán para corregirte si cometes un error. En la mayoría de los casos, su función es ayudar a las novatas a superar sus nervios e introducirlas en el trabajo con suavidad.

Los nervios y la excitación son completamente normales al principio, pero pronto desaparecerán. Después de semanas de intenso entrenamiento podrás sentarte en uno de los *«jump seats»*, que es como se llaman a los asientos de los auxiliares de vuelo en la jerga de tripulación de cabina, entonces tu sueño de volar finalmente se hará realidad. Los *jump seats* están ubicados en diferentes posiciones a lo largo de una aeronave de pasajeros. Estos no se pueden reservar y son de uso exclusivo de la tripulación de cabina.

El primer día de trabajo, a veces, los pilotos te darán una pequeña idea de su trabajo, reunirán a la tripulación para darle la bienvenida a los nuevos miembros e incluso pueden permitirles a los principiantes que viajen en la cabina durante el despegue y el aterrizaje. Es posible que las demás auxiliares de vuelo hasta hayan planeado una pequeña sorpresa para darles la bienvenida al equipo a los nuevos miembros de la tripulación.

Después de tu primer día en el aire, habrá una reunión informativa en tierra, en la que recibirás una evaluación detallada de tu desempeño. Se discutirá cualquier paso que no se haya llevado a cabo exactamente como se había especificado. Pero no todo serán críticas y consejos, también escucharás comentarios positivos sobre todos los aspectos en los que hayas llevado a la práctica con éxito los conocimientos teóricos aprendidos. Estos comentarios te ayudarán a garantizar que cumplirás con las expectativas en vuelos futuros y que mantendrás tu buen desempeño.

Después de cierto número de vuelos (a más tardar tan pronto como puedas realizar las tareas estándar de forma profesional e independiente), se te permitirá volar sin la supervisión de un instructor. Cuando esto ocurra, finalmente lo habrás logrado: ¡tu formación habrá acabado!

En el trabajo

Auxiliares de vuelo a lo largo de los años

Resulta difícil creer que en sus inicios esta profesión estuviera reservada exclusivamente para los hombres, sobre todo teniendo en cuenta que la mayoría de la tripulación de cabina actualmente son mujeres. En 1912, un alemán llamado Heinrich Kubis se convirtió en el primer auxiliar de vuelo del mundo. No fue hasta 18 años más tarde, en 1930, que Ellen Church, nacida en Estados Unidos, hizo historia en la aviación como la primera mujer en ocupar un puesto similar. Con un deseo irrefrenable de volar, esta enfermera, que entonces tenía 25 años, logró conseguir un trabajo en una compañía aérea. Su tarea consistía en asistir a los pasajeros ansiosos durante los vuelos. Poco después, se empezó a contratar azafatas de vuelo para atender a los pasajeros en todo el mundo.

A lo largo de la historia de la profesión, el papel de los auxiliares de vuelo ha cambiado múltiples veces. **En la década de 1930**, era común que la tripulación de cabina ayudara con la venta de boletos y en las tareas administrativas, además de cumplir con sus propias tareas como auxiliar de vuelo. También limpiaban el interior de la aeronave y eran responsables de ordenar la comida para el *catering* a bordo. Cuando el vuelo estaba a punto de despegar, ayudaban a sus compañeros de servicio en tierra a guardar el equipaje de los pasajeros. En aquellos días, se esperaba que ayudaras dondequiera que hubiera trabajo que hacer. Hoy en día, existen empleados o subcontratistas externos dedicados a cada una de estas actividades.

En aquella época, las aeronaves estaban lejos de ser un medio de transporte masivo. Sólo las clases acomodadas podían permitirse comprar billetes de avión, que en aquella época eran costosos. Y las expectativas de los pasajeros estaban muy en línea con el precio que pagaban. De hecho, era práctica común ayudar a los pasajeros más adinerados a quitarse los zapatos, limpiarlos o guardarlos durante el vuelo, ofreciéndoles zapatillas para que disfrutaran de mayor comodidad durante el vuelo. Las auxiliares de vuelo, que en aquella época todavía eran llamadas azafatas, tenían la tarea de informarles a los pasajeros que no tiraran los cigarrillos encendidos ni las colillas por la ventanilla del avión, algo técnicamente posible en aquellos tiempos debido a que los vuelos se hacían a menor altitud. Esta instrucción aplicaba al volar sobre zonas urbanizadas, terrenos agrícolas o bosques. Además, había que tener cuidado de no confundir la puerta del baño con la de salida, que también podía desbloquearse durante el vuelo.

En la década de 1930, la aviación era cualquier cosa menos simple o técnicamente avanzada, lo cual significaba que los tripulantes de cabina eran considerados atrevidos y valientes. Sin embargo, la opinión general seguía siendo que tener azafatas a bordo era más una cuestión de imagen que de seguridad.

La interacción con la tripulación de cabina era ardua y difícil; los pilotos uniformados sólo debían ser tratados formalmente, nunca de manera demasiado casual o amistosa, o en un tono indecoroso. De hecho, no era raro que los azafatos y las azafatas les dirigieran un saludo militar a los capitanes como señal de respeto al abordar o desembarcar.

En la década siguiente —**la de 1940**— cada vez más aerolíneas introdujeron la costumbre de usar uniformes elegantes para la tripulación de cabina. Con sus uniformes de tripulante de cabina, las damas resultaban realmente llamativas para los pasajeros. Y, en consonancia con esa imagen, aparte del uso de los uniformes, había algunas reglas estrictas que debían cumplirse. Por ejemplo, a las auxiliares de vuelo no se les permitía usar gafas ni superar una determinada altura. También estaba prohibido estar casada o tener hijos. La edad máxima permitida para las auxiliares de vuelo era de 35 años, a veces, incluso menos. El peso era otro factor que los empleadores vigilaban, cualquiera que hubiera aumentado de peso era despedida sin contemplaciones del servicio activo o se le daba un plazo determinado para perder los kilos de más. De hecho, no era raro, aunque sí desagradable, que las auxiliares de vuelo fueran sometidas a pesajes regulares delante de sus superiores.

En la década de 1950, cuando los billetes de avión todavía eran bastante costosos, el prestigio social de la profesión creció notablemente. Los pasajeros a bordo eran mimados con champán, salmón y caviar, y recibían un servicio de élite en todo momento. En aquellos días, las auxiliares de vuelo eran vistas como las estrellas del pop en los cielos y, al mismo tiempo, eran las modelos a seguir para la siguiente generación. Pocas ocupaciones, excepto quizá la actuación, exudaban tanto glamur y ostentación.

El trabajo también tenía algo de emocionante y excitante porque, en aquella época, volar todavía no era del todo seguro. De hecho, los estándares probados en cuanto a tecnología y capacitación aún estaban en pañales. Los motores de las aeronaves no eran tan seguros como los de hoy en día y la navegación aérea carecía de la precisión necesaria, especialmente en condiciones climáticas desfavorables. Dado que los aviones no podían volar por encima de los patrones meteorológicos, los pilotos a menudo no tenían más opción que pilotar sus aeronaves a través de zonas con mal tiempo. El viento, las turbulencias, las altas temperaturas y un ruido ensordecedor en el interior de la aeronave dificultaban el trabajo de la tripulación de cabina.

Desde la década de 1960 en adelante, los procesos de contratación para las candidatas se volvieron más difíciles a medida que más y más mujeres ingresaban al mercado laboral. Las jóvenes tenían que mantener una compostura tranquila mientras soportaban horas de entrevistas, pruebas de aptitud física y de conocimientos y, en algunos casos, también un test de inteligencia. Las compañías aéreas veían una ventaja de mercado en la contratación de jóvenes atractivas y deseables, y aquellas que no cumplían los requisitos no tenían ninguna posibilidad de conseguir trabajo.

En aquel momento, las aerolíneas podían permitirse el lujo de imponer sus propios y estrictos ideales de belleza. Incluso defectos menores en la apariencia general eran suficientes para que una aspirante fuera descartada desde el primer momento. Demasiado maquillaje era motivo de rechazo, incluso marcas de nacimiento prominentes o proporciones faciales extrañas podrían provocar un rechazo. Y las restricciones no cesaban una vez que el tan ansiado trabajo había sido conseguido. Por ejemplo, no se toleraba fumar en público mientras se estaba en servicio, y el matrimonio o el embarazo te hacían perder el trabajo.

El papel de anfitrión seguía siendo tan importante como siempre y se suponía que la tripulación debía lograr que el pasajero se sintiera como un rey. Los auxiliares de vuelo fueron capacitados para ayudar a los pasajeros que se sentían ansiosos al volar, para entablar interesantes conversaciones con personas de negocio, dar consejos para viajes al extranjero y hacer que los vuelos fueran entretenidos para los niños. Si quedaba algo de tiempo entre todo eso y servir la comida, las auxiliares de vuelo incluso debían lavar los platos, siempre que hubiera espacio para hacerlo en el avión.

Tanto en los años 60 como en **la década siguiente, la de 1970**, los uniformes cambiaron varias veces de acuerdo con la tendencia de la moda que se imponía en la vida cotidiana y en el lugar de trabajo. La imagen pública de los tripulantes de cabina no podía ser más diferente, ya que cada aerolínea desarrolló su propio estilo distintivo. Los uniformes sensatos dieron paso a atuendos de trabajo más clásicos y de buen gusto, salpicados de elementos típicos del país o de la vestimenta regional tradicional. Otras aerolíneas utilizaron deliberadamente el atractivo sexual de su personal femenino para llamar la atención. Las faldas se hicieron más cortas, los tacones más altos y el pasillo central de la cabina se convirtió en una pasarela. Las damas que servían el champán, los panecillos y el café, distribuían la prensa diaria y hacían anuncios en la cabina, se convirtieron en publicidad ambulante. De un día para otro, se suponía que no sólo debían animar a los más adinerados a comprar otro billete de avión, sino que también se esperaba que consiguieran que todo el mundo volara en la sociedad cada vez más curiosa y de mentalidad abierta de la época.

A partir de la década de 1970, el perfil de los pasajeros típicos cambió, para satisfacción de las compañías aéreas. Poco a poco, los pasajeros menos adinerados también podían permitirse el lujo de viajar en avión durante las vacaciones. Aunque esto significaba hacer sacrificios en otros ámbitos, muchas más personas podían cumplir el sueño de volar al menos una vez en la vida.

Con el auge económico, aumentó la demanda de aeronaves, lo que generó la necesidad de nuevas compañías aéreas. Se abrieron nuevas regiones y se agregaron a las redes de rutas existentes. Este fue un período de cambios, tanto en el modelo de negocio de las aerolíneas como en las condiciones de empleo. Las auxiliares de vuelo solían hacer escalas más largas en los destinos, a veces incluso de varios días en un paraíso vacacional. Los destinos lejanos y de larga estadía prometían aventuras. Las tripulaciones de vuelo tenían tiempo suficiente antes del vuelo de regreso para relajarse, ir de compras o disfrutar de actividades turísticas. En casi ninguna otra profesión se tiene la oportunidad de hacer un safari por África, relajarse en una hermosa playa caribeña, disfrutar del ajetreo y el bullicio de Times Square en Nueva York, hacer un recorrido turístico por Londres o visitar uno de los muchos templos de Asia. Tan pronto como llegaban a su destino, las auxiliares de vuelo tenían la libertad de hacer lo que quisieran y salir de excursión.

Con la llegada del transporte masivo y de tipos de aeronaves más sofisticadas, la profesión volvió a cambiar. **En la década de 1980**, se hicieron esfuerzos para cambiar los conocidos títulos de «azafato» y «azafata» por el de «auxiliar de vuelo» y tripulación de cabina. Este cambio fue una señal muy clara destinada a indicarles a los pasajeros que la tripulación era la principal responsable de la seguridad a bordo y que no estaba allí para satisfacer sus placeres. Para darle un aire de seriedad, la profesión ya no se asociaba con la imagen estereotipada de la atractiva azafata, concebida especialmente para hacerle publicidad a la aerolínea. La profesión perdió parte de la exclusividad que la caracterizaba; las estancias en el extranjero se hicieron más cortas, con menos tiempo para disfrutar entre los períodos de servicio.

Desde la década de 1990 en adelante, las primeras aerolíneas de bajo costo comenzaron a ingresar al mercado, contribuyendo con el crecimiento de esta industria. Para poder operar de manera más rentable, las compañías aéreas acortaron el tiempo de inactividad de las aeronaves en tierra, eso les permitió ofrecer más vuelos a lo largo del día y generar más ingresos. Los esfuerzos de larga data para regular los períodos de trabajo y descanso finalmente lograron notables avances, con algunos resultados gratificantes para la protección de los empleados y prestar servicios ligeros y justos.

A medida que aumentaba el interés económico, político y social por la aviación, a **partir de la década de 2000**, la industria se convirtió en un símbolo de viajes ilimitados y de una economía global interconectada. En 2005, más de 2.000 millones de pasajeros fueron transportados por primera vez por vía aérea; apenas 12 años después, esta cifra se duplicó con más de 4.000 millones de pasajeros viajando en poco menos de 42 millones de vuelos comerciales en un solo año. Estadísticamente hablando, en 2017 más de 7.500 personas en todo el mundo subieron a un avión cada minuto. Esto significa que en un momento dado había casi 500.000 personas volando en algún lugar del mundo. Este rápido cambio fue acogido positivamente en el mercado laboral, nunca antes se habían necesitado y contratado tantos auxiliares de vuelo.

La aviación tuvo que aprender a afrontar múltiples crisis al mismo tiempo. Si bien las tensiones políticas a través de sanciones desestabilizadoras y conflictos económicos siempre han afectado a la industria, los acontecimientos que rodearon el 11 de septiembre, la crisis financiera y económica de 2008 y el brote de la pandemia de coronavirus a finales de 2019, tuvieron un impacto importante en el transporte aéreo y, por ende, en las aerolíneas en todo el mundo.

A pesar del entorno dinámico y las condiciones en constante cambio, a juzgar por el número de solicitudes, la popularidad de la profesión no ha disminuido. El sueño de volar es tan antiguo como la humanidad misma, y es uno que los egresados de las escuelas de todo el mundo siguen teniendo. No hay duda de que las generaciones futuras también estarán a la altura de los desafíos y surcarán los cielos con tanto placer como aquellos que los precedieron.

No hay dos días iguales

Como una auxiliar de vuelo, tienes una responsabilidad que demuestras a través de tu liderazgo. Se espera que lideres con el ejemplo. Tu comportamiento profesional garantiza la seguridad a bordo. En situaciones de peligro, tomas el mando e inicias medidas de rescate. Eres agente de la ley, árbitro, planificador de ocio, experta en turismo, consoladora, paramédica, estratega de ventas, animadora infantil, barman y personal de mantenimiento, todo en uno. Lo que se requiera de ti puede cambiar en una fracción de segundo, pero aun así debes lograr hacer tu trabajo de acuerdo con los estándares establecidos en los manuales, teniendo en cuenta las pautas de la aerolínea y siempre con una sonrisa en tu rostro. Pero más allá de esta descripción del trabajo, ¿cómo sería tu labor diaria como una auxiliar de vuelo? ¿Cómo se ve realmente a una asistente de vuelo?

Antes de cada día de vuelo, consultas los horarios en la lista de turnos iniciando sesión en la red de la empresa desde casa. También deberías echarles un vistazo a tus correos electrónicos de trabajo para no pasar por alto ningún cambio de última hora. Si, por ejemplo, ha habido ajustes en las reglas o correcciones en el manual de vuelo durante tus días libres, debes tomar nota de ellos rápidamente para poder implementar los cambios en tu próximo vuelo.

> «Tan pronto como comience la sesión informativa, empiezo a entusiasmarme por el vuelo que se avecina. Mi corazón late más rápido y la tensión se desvanece».
> Fabienne, 21 años, Nueva Caledonia.

El inicio de la jornada laboral comienza con una sesión informativa en las instalaciones de la compañía aérea. Además de tú y tus compañeras auxiliares de vuelo, a esta sesión también asisten los pilotos. Se discuten todos los detalles específicos sobre el vuelo y los datos relevantes de este como la altitud, la duración y las condiciones meteorológicas. Además, la auxiliar de vuelo de mayor rango en la cadena de mando asigna las áreas exactas de responsabilidad para garantizar que todos los pasajeros a bordo sean atendidos debidamente. Dependiendo del asiento que se le haya asignado, un miembro de la tripulación será responsable de unas filas específicas de asientos, salidas de emergencia, baños y controles de seguridad. Esta asignación es una parte esencial de la sesión informativa, ya que las posiciones pueden cambiar en cada vuelo. Luego, todos se dirigirán juntos a la aeronave asignada.

Pero antes de esto, tú y tus compañeros de tripulación tienen que pasar por el control de seguridad. En algunos aeropuertos hay una entrada independiente para la tripulación. Dependiendo del país de salida y del destino, se realizará un rápido control de pasaportes. Después de esto, irás directamente a la aeronave asignada a pie o te llevarán hasta allí en un servicio de traslado de la tripulación. Una vez en la aeronave, hay poco tiempo para los preparativos, por eso es fundamental que cada uno conozca exactamente los pasos a seguir en su trabajo y los lleve a cabo sin tener que pensar en ellos (ensayar esos pasos puede ayudar en este punto).

Lo primero que debes hacer es guardar tus objetos personales como tu equipaje de mano y tu maleta. A esto le siguen exhaustivos controles de seguridad en el interior de la cabina. Según lo que debiste haber aprendido en tu formación, lo primero que tienes que hacer es comprobar el equipo mínimo obligatorio. Las listas de verificación se utilizan para responder las siguientes preguntas, entre otras: ¿están los cinturones de seguridad listos para usar? ¿Están abiertas todas las persianas de las ventanillas? ¿Cada asiento tiene un chaleco salvavidas? ¿Hay un instructivo de seguridad del avión para cada pasajero en los bolsillos de los asientos delanteros?

Dependiendo del servicio ofrecido por la compañía aérea, también comienzan los primeros preparativos en la cocina. El equipo de *catering* del aeropuerto recibe las comidas a bordo, comprueba que estén todas, las clasifica y almacena. Los carritos de bebidas se entregan con el surtido completo o, tras realizar el pedido, sólo se colocarán los artículos que se hayan agotado o escaseen. Para los clientes de clase ejecutiva y de primera clase, se enfrían las botellas de champán, se colocan los vinos al alcance de la mano y se ordenan los periódicos y revistas. Por último, se enciende el sistema de entretenimiento de a bordo y se preparan para el vuelo antes de que a los pasajeros se les permita subir a la aeronave, que ahora estará lista para despegar.

Para facilitar el proceso de embarque y que este se desarrolle sin problemas, deben abordar primero los pasajeros con movilidad reducida, incluidas personas con discapacidad física y los ancianos, así como cualquier persona que viaje con niños pequeños o bebés. Darles ventaja a estos grupos te permite a ti y a tus compañeras de tripulación atender sus necesidades individuales y hacer los arreglos adicionales necesarios para el vuelo. Por ejemplo, alguien en silla de ruedas necesita una sesión informativa de seguridad adaptada a sus necesidades particulares, y las familias con niños también reciben instrucciones especiales.

Cuando los pasajeros embarcan a la aeronave, es muy importante que la tripulación de cabina esté presente y visible de forma activa. Esto permite responder cualquier pregunta desde el principio, y también se les indica a los pasajeros dónde están sus asientos y, si es necesario, se les asiste para que guarden su equipaje de mano.

Tan pronto como todos estén sentados en la aeronave, se cierran y bloquean las puertas. A continuación, los pasajeros reciben una cálida bienvenida a bordo a través del sistema de información al pasajero. A esto le sigue la demostración de seguridad, que es obligatoria en todos los vuelos de todo el mundo. La tripulación de cabina la realiza en directo o la reproduce en forma de grabación de vídeo a través del sistema de entretenimiento de a bordo. Los pasajeros en las filas de las salidas de emergencia reciben información adicional. A menudo, basta con mostrarles cómo abrir correctamente la salida de emergencia en caso de ser necesario.

Una vez que el avión se dirige a la pista, se realizan los últimos preparativos para el despegue. En este punto, tu trabajo es comprobar que todos los pasajeros tengan abrochados sus cinturones de seguridad, que plieguen las bandejas que se encuentran delante de ellos, que los respaldos de sus asientos estén en posición vertical, y que todos sus efectos personales se hayan guardado de forma segura. Antes del despegue, debes estar en tu asiento asignado con suficiente antelación y, por supuesto con el cinturón de seguridad bien abrochado.

Una vez que el avión alcanza la altitud de crucero, tu trabajo es cuidar de los pasajeros a bordo y asegurarte de que estén cómodos. Se preparan y sirven los alimentos y bebidas, y se deben vigilar a los niños que viajan solos. Los pasajeros más jóvenes suelen necesitar una atención especial. A intervalos previamente establecidos, serás responsable de garantizar que las instalaciones sanitarias estén limpias y en buen funcionamiento. Dependiendo de la aerolínea, vender productos de la tienda de a bordo también puede ser parte de tu trabajo.

> «El trabajo puede resultar bastante estresante en vuelos cortos, por eso disfruto mucho más de los vuelos más largos».
> Anila, 24 años, India.

Los preparativos para el aterrizaje son esencialmente los mismos que para el despegue. A más tardar una vez que el avión inicie su descenso, se deben recoger las bandejas de comida, los vasos y los residuos, separándolos y guardándolos adecuadamente. Y tampoco hay que olvidar la cocina, allí debes asegurarte de que todo esté guardado en su lugar adecuado y dispuesto de forma segura. A continuación, se debe comprobar por última vez que todos los pasajeros estén en sus asientos con los cinturones abrochados, las mesas plegadas y los respaldos en posición vertical, y que el equipaje de mano esté correctamente guardado.

Tan pronto como el avión alcanza su posición final de parada, se desbloquean los toboganes de emergencia y se abren las salidas. Las auxiliares de vuelo se situarán en su puesto asignado para despedir a los pasajeros. Para asegurarse de que no se haya quedado olvidado o dejado ningún objeto en la cabina, también se deben revisar tanto los asientos como los compartimentos superiores. Posteriormente, se realiza una limpieza final antes de entregar la cabina a la siguiente tripulación.

Después de una breve sesión informativa final, tu turno habrá terminado y podrás irte. Todo lo que queda por hacer es cerrar la sesión del turno de vuelo actual en la computadora y aprovechar la oportunidad para verificar la lista de turnos y ver si hay cambios.

Las listas y la jerarquía de la tripulación

La gente tiende a asumir erróneamente que ser auxiliar de vuelo sólo se trata de unas vacaciones interminables, viajando constantemente de una hermosa región del mundo a otra. En realidad, las oportunidades de realizar actividades turísticas en tierras lejanas son pocas y espaciadas. Además, no todas las compañías aéreas permiten estancias de un día o una noche en ciudades extranjeras, eso depende de la red de rutas y de la lista de turnos. Incluso si tienes tiempo libre en el extranjero, no siempre será en un apasionante destino de ensueño. Al fin y al cabo, no todas las partes del mundo a las que vueles serán lugares que elegirías para ir de vacaciones, y si es así, normalmente hay muy poco tiempo para explorar.

Tu lista de tareas mensuales te indicará tus días laborables exactos, los destinos y los tipos de aeronaves a las que estás asignada. A veces también figuran los nombres de los compañeros de tripulación y el alojamiento reservado. Además del servicio de vuelo activo, los días de espera también cuentan como días laborables, eso significa que estás obligada a estar disponible durante tu tiempo libre y que puedas estar en el aeropuerto si se te avisa con poca antelación. Esta flexibilidad permite encontrar un reemplazo de inmediato si alguien no puede hacer su turno.

El equipo de planificación de la tripulación es responsable de la programación del personal y de la asignación de horas contractuales.

Este departamento realiza la planificación de toda la flota de aviones las 24 horas del día, asegurando que haya suficientes tripulantes y evitar posibles cuellos de botella. Primero deben asegurarse de que la tripulación esté calificada para volar el tipo de aeronave correspondiente, sólo aquellos que tengan las cualificaciones necesarias para desempeñarse en una aeronave pueden trabajar en una.

La composición de la tripulación también se basa en el rango respectivo, la función a bordo y la disponibilidad del personal, en virtud de los períodos de descanso y los derechos de vacaciones. Además, la programación de la tripulación tiene en cuenta consideraciones financieras de la compañía aérea, el cumplimiento de los requisitos legales, como los períodos de servicio y descanso, así como los requisitos operativos de vuelo y los programas regulares de formación de los empleados. En lugar de realizar tareas de vuelo, algunos auxiliares de vuelo también realizan ocasionales tareas de oficina o actividades de *marketing*.

En general, las listas de tareas en la aviación están sujetas a cambios frecuentes. Un miembro de la tripulación podría enfermarse en cualquier momento, o un vuelo podría cancelarse por condiciones meteorológicas desfavorables o problemas técnicos. También es posible posponer un vuelo con poca antelación, si fuera necesario. En el sector de los vuelos tipo chárter, las operaciones aéreas son aún más propensas a cambios, pues en este, a diferencia del tráfico regular, el cliente (por ejemplo, un operador turístico) decide cuándo y cómo realizará un vuelo. Aunque desde un punto de vista financiero esta flexibilidad es importante para las compañías aéreas, también afecta la estabilidad de los horarios mensuales y, por lo tanto, tu capacidad de hacer planes para tu tiempo libre.

Para mantener motivadas a las tripulaciones de vuelo frente a toda esta adaptabilidad inesperada, las aerolíneas les conceden cierto margen de participación antes de elaborar las listas de tareas. En la mayoría de los casos, se pueden realizar solicitudes individuales, que realmente se tomen en cuenta depende del personal de planificación de la tripulación. Como alternativa a estos procedimientos de solicitud convencionales, también existen sistemas de licitación en los que se pueden solicitar días de vuelo, rutas o días festivos individuales. Las ofertas se conceden o rechazan de acuerdo a un conjunto de normas internas, en las que la antigüedad de la auxiliar de vuelo suele ser el factor decisivo. De modo que, quien haya estado en la aerolínea por más tiempo o haya ganado más puntos, tiene más posibilidades de influir activamente en su propia lista.

Vuelos de distancias cortas y medias

Las rutas de vuelo se clasifican por distancia, siendo el criterio más importante la ruta de vuelo recorrida, es decir, el tramo entre los aeropuertos de salida y de destino. Con base en esto, las aeronaves se clasifican en aviones de recorridos cortos, medios y largos. Sin embargo, no existe una definición internacional aplicable para cada una de las distancias, por lo que, en general, las autoridades, los fabricantes de aeronaves y las compañías aéreas suelen evaluarlas y determinarlas de formas algo diferentes.

«Personalmente prefiero volar distancias cortas, porque mi cuerpo no tiene que acostumbrarse a zonas horarias diferentes. Y la mejor parte es pasar las tardes en casa con mi familia».
Susanne, 50 años, Austria.

Una jornada laboral normal en rutas de distancia corta y media implicará frecuentes despegues y aterrizajes. Es posible que vueles a varios destinos al día y el último vuelo de tu jornada no necesariamente terminará en tu aeropuerto de origen. Las múltiples llegadas y salidas hacen que cada segmento de vuelo parezca ir más rápido. A menudo no hay mucho tiempo en tierra para preparar la aeronave para el siguiente vuelo. En comparación con los vuelos de larga distancia, los trámites se repiten varias veces al día y los servicios ofrecidos a los pasajeros suelen ser menos completos. Por otro lado, el cuerpo se ve sometido a un importante estrés debido a los cambios constantes de la presión atmosférica.

Siempre que es posible, la mayoría de las aerolíneas les ofrecen a sus tripulantes de cabina la oportunidad de trabajar en diferentes tipos de aeronaves. Eso significa que, si la aerolínea tiene una flota mixta, podrás alternar entre vuelos de corta, media o larga distancia. En algunos casos, las rutas se asignan en función de tu nivel de antigüedad, pues tu rango personal está vinculado a los años de servicio. Por lo tanto, si has trabajado para la empresa durante mucho tiempo, se te clasificará en consecuencia y podrás elegir las rutas que deseas volar. Este sistema de bonificación no sólo se utiliza para asignar vuelos a destinos atractivos; de hecho, los destinos de larga distancia suelen ser populares porque el personal puede recuperar sus horas de contrato más rápidamente.

Vuelos de larga distancia

En un vuelo de larga distancia es probable que se atraviesen varios husos horarios y, en unas pocas horas, no sólo te encontrarás en otro país, sino también con un ritmo circadiano completamente nuevo. El día se hace más corto o más largo, lo que altera el equilibrio de tu reloj biológico y las horas diurnas y nocturnas ya no coinciden con tu rutina diaria habitual. Pero no es sólo el desfase horario lo que tienen que afrontar quienes trabajan en vuelos de larga distancia, sino también la necesidad de adecuarse a un modo de vida completamente distinto.

> «En los vuelos de larga distancia llegas a conocer un poco mejor a los pasajeros. Sabes quién está ansioso o enojado, quien bebe demasiado o muy poco, y quien no pierde el sentido de la diversión, incluso en viajes largos».
> Saricsa, 32 años, Honduras.

En los vuelos de larga distancia normalmente sólo se realiza un despegue y un aterrizaje por día. Debido a la larga duración de los vuelos, el servicio a bordo es más amplio que en las rutas de corto y medio recorrido. Los pasajeros de clase ejecutiva y primera clase reciben una atención especial con un exclusivo servicio de vinos y licores y un menú de lujo. Pero los pasajeros de clase económica también son atendidos con esmero y, especialmente en vuelos muy largos, además de las comidas principales, se les ofrecen diversos snacks y una amplia selección de bebidas frías y calientes.

En los intervalos entre las diferentes partes del servicio a bordo, los miembros de la tripulación pueden hacer una pausa y descansar por un breve tiempo. Los aviones de largo recorrido tienen un área exclusiva donde los miembros de la tripulación pueden descansar o acostarse. Esto permite tanto a los pilotos como a las asistentes de vuelo relajarse un poco e incluso tomar una breve siesta en su descanso.

La duración de la estancia en el destino depende tanto de la duración del vuelo en curso como del horario del vuelo de regreso. Dependiendo de la frecuencia con la que la aerolínea vuele al destino, puede que sólo sea una estancia corta o, incluso, una estadía de varios días. Durante este tiempo, sin embargo, el avión no espera en tierra. Inmediatamente después del aterrizaje, la tripulación entrega el avión a la siguiente tripulación que, completamente descansada, está lista para comenzar su vuelo de regreso o de continuación.

Número de auxiliares de vuelo a bordo

El tamaño del equipo en la cabina depende de la capacidad de la aeronave. Según la ley de aeronáutica civil, debe haber un auxiliar de vuelo por cada cincuenta asientos. En un avión de recorrido medio con 180 pasajeros a bordo, esto se traduce en cuatro miembros de tripulación trabajando en la cabina. Por supuesto, una compañía aérea es libre de emplear miembros adicionales de tripulación, por ejemplo, con fines de formación. Existe un requisito mínimo, pero no un límite máximo de la cantidad de auxiliares de vuelo que puede haber a bordo.

Dependiendo del tamaño de la compañía aérea, es posible que pases cada turno como parte de un equipo diferente. Esta rotación regular de los miembros de la tripulación no deja lugar a enfoques individuales del trabajo, todos deben poder confiar unos en otros. Estarás capacitado para desenvolverte en cada paso de los diferentes procedimientos hasta el punto de que podrías realizarlos mientras duermes, independientemente de si has trabajado antes con los miembros de un equipo o no.

Cabina de los auxiliares de vuelo y cabina del piloto

Mantener la seguridad en tierra y en el aire es la máxima prioridad de cualquier compañía aérea. Las auxiliares de vuelo y los pilotos sólo pueden lograr esto si el equipo trabaja en perfecta armonía, por lo que toda la tripulación de vuelo, tanto dentro como fuera de la cabina del piloto, asiste periódicamente a sesiones de formación para aprender a gestionar las diferentes tareas en conjunto, y aclarar las responsabilidades y los tipos de estructuras que deben seguirse. El enfoque de estas sesiones es el espíritu de equipo y el desarrollo de cualidades de liderazgo.

Puede resultar sorprendente, pero las auxiliares de vuelo y los pilotos trabajan juntos mucho menos de lo que cabría esperar. La aeronave puede ser un lugar de trabajo compartido, pero existen diferencias organizativas, legales y jerárquicas entre ambas funciones.

Mientras que una auxiliar de vuelo trabaja directamente con los pasajeros, los pilotos tienen poco o ningún contacto con ellos. Trabajar con pasajeros es exigente, sobre todo, porque la fuerte competencia entre compañías aéreas no se limita a los asientos de los pasajeros, las auxiliares de vuelo tienen que intentar ofrecer el máximo confort a los viajeros a pesar de los bajos precios de los billetes, un dilema que a menudo los deja atrapados entre las demandas contradictorias de la aerolínea y la de los pasajeros. La falta de entretenimiento a bordo, comidas inadecuadas o el espacio reducido de los asientos provocan insatisfacción y molestia entre los pasajeros, mientras que la aerolínea intenta mantener bajos los costos operativos, que son inherentemente altos, mediante ahorros y reducciones específicos.

En la cabina del piloto, por supuesto, esto no se nota mucho, pero incluso ahí ya no se trata sólo de volar. Aparte de la corresponsabilidad del hombre y la máquina, a los pilotos se les asignan cada vez más tareas relacionadas con el negocio, lo que no hace sino aumentar la presión sobre su rendimiento.

Pero a pesar de todas las diferencias entre lo que ocurre en la cabina de las auxiliares de vuelo y en la cabina del piloto, sin cooperación las cosas no funcionarán bien a bordo de la aeronave. Las auxiliares de vuelo y los pilotos dependen cada vez más unos de otros; por ejemplo, para poder gestionar los cortos tiempos de entrega cuando el avión debe ser evacuado rápidamente y preparado para el próximo vuelo. La superposición entre las dos profesiones está definida por estructuras fijas y acuerdos detallados para garantizar que cada parte respete el área de responsabilidad de la otra. Por ejemplo, los pilotos sólo pueden iniciar los procedimientos de despegue una vez que hayan recibido el visto bueno de su tripulación de cabina. Y, a la inversa, las auxiliares de vuelo deben estar listas para el servicio a bordo y el control final de seguridad dentro del tiempo especificado para que sus compañeros en la cabina de pilotaje no se vean obligados a retrasar el despegue o el aterrizaje.

En general, el clima de trabajo a bordo de las aeronaves de pasajeros es amigable y poco conflictivo. Todas las compañías aéreas prestan atención al respeto mutuo; se espera que el personal sea considerado, servicial y que se comunique de manera efectiva. Esta cooperación armoniosa tiene un efecto positivo en la satisfacción laboral, la formación de equipos y la cohesión de la tripulación. El ambiente de trabajo también puede afectar positiva y negativamente a los pasajeros, por lo que es importante mantener un ambiente agradable a bordo para garantizar que los pasajeros sean recibidos con calidez y hospitalidad.

✓

Preguntémosle a Emilia,
una azafata y piloto en formación de 31 años procedente de Italia.

«La idea de convertirme en piloto se me ocurrió en el *jump seat*».

«Una vez que puse el pie en la puerta, rápidamente me quedó claro: quiero seguir en la aviación. Pero las cosas no empezaron como lo había previsto. Me mudé a Dublín para poder mejorar mi inglés y, contrariamente a mis expectativas, al principio tuve problemas para entender a la gente de Irlanda debido al acento. Al principio fue un choque cultural, pero en lugar de tirar la toalla, seguí adelante. Mi perseverancia dio sus frutos y, después de sólo seis meses, di mis primeros pasos en mi profesión como auxiliar de vuelo en una aerolínea de bajo costo.

Pero no me detuve allí. Al ver el auge económico que hubo en Doha, solicité un puesto vacante en la aerolínea estatal de Qatar. Era el momento oportuno, me estaba yendo bien a nivel personal y tuve éxito. Lo primero que ocurrió fue que me trasladaron de clase turista a clase ejecutiva y, más tarde, incluso a primera clase. Adquirí experiencia en diferentes tipos de aeronaves como el Boeing B737/B777 y el Airbus A380, la aeronave de pasajeros más grande del mundo. Aunque siempre quise tener una mentalidad abierta, nunca supe realmente en qué dirección se desarrollaría mi carrera profesional.

La idea de convertirme en una piloto y maniobrar una aeronave algún día, me surgió en el *jump seat*. No era raro que, de vez en cuando, mirásemos por encima del hombro de los pilotos. Al principio pensé que pilotar un avión era bastante aburrido porque, al fin y al cabo, la mayor parte de la navegación la realiza el piloto automático. Pero un vuelo me hizo cambiar de opinión. Y así fue, decidí ir a la escuela de vuelo y tomar mi primera lección de pilotaje, y qué puedo decir: ¡me encantó!».

Ventajas: lo positivo del trabajo

Como en cualquier profesión, trabajar como una auxiliar de vuelo tiene ventajas y desventajas y es necesario sopesarlas cuidadosamente. En cuanto al equilibrio entre la vida personal y laboral, vale la pena pensarlo detenidamente, porque este extraordinario trabajo realmente cambia la forma en que vives tu vida. Si no eres consciente de esto desde el principio, puedes terminar sintiéndote decepcionada y frustrada al poco tiempo, en lugar de disfrutar del trabajo soñado que esperabas. Dicho esto, hay una razón por la cual tantas auxiliares de vuelo permanecen en sus trabajos durante muchos años o incluso décadas y todavía siguen entusiasmadas.

En lo más alto y encabezando la lista de beneficios se encuentran los viajes y la emoción de descubrir lugares diferentes y a veces ocultos en los rincones más recónditos del mundo. Una aeronave es un lugar de encuentro y de convivencia. Un viaje no sólo conecta; también crea el espacio para experimentar un sentido de pertenencia a bordo y acerca a personas de diferentes orígenes y culturas. Tus pasajeros son originarios y vienen de muchas partes del mundo, por lo que aprendes sobre lugares de los que nunca antes habías oído hablar. Podrás conocer a todo tipo de personas e incluso tendrás la oportunidad de viajar a los países de donde provienen.

Volar por trabajo es una oportunidad ideal para conocer ciudades y regiones de todo el mundo a muy bajo costo, en algunos casos incluso de forma gratuita. Estas oportunidades se deben a los generosos descuentos que en ocasiones ofrece la compañía aérea o a las alianzas con otras aerolíneas y cadenas hoteleras. Como auxiliar de vuelo, también te beneficiarás de los programas de socios y de las campañas de ventas en los aeropuertos.

Otro incentivo puede ser que no siempre debes trabajar en el mismo lugar ni tener el mismo horario laboral. Además, la nostalgia de lugares lejanos y ese anhelo de vivir experiencias mágicas es lo que te hace considerar este tipo de trabajo.

«Viajar alrededor del mundo, tener una sensación de libertad ilimitada y que te paguen por ello, es una experiencia insuperable. Pero eso no es todo, cada día aprendo algo nuevo y tengo que adaptarme constantemente. Eso es exactamente lo que hace que mis días de trabajo sean tan especiales».
Malena, 25 años, Argentina.

Pero este trabajo es mucho más que viajar alrededor del mundo con un uniforme elegante. Aunque no todas las necesidades de los pasajeros pueden satisfacerse completamente, cada gesto de gratitud que recibes de ellos es una señal de agradecimiento por tu trabajo y tu hospitalidad. Si te gusta tener contacto con personas todos los días, te sentirás como en casa en esta industria.

En la industria de la aeronáutica, es fácil conocer gente y hacer amigos. Las trayectorias formativas similares y los intereses compartidos crean vínculos estrechos entre los compañeros, y la afinidad por volar, el ambiente de trabajo familiar y amistoso a bordo y todas las experiencias de viaje unen a la tripulación.

Fuera del trabajo, también disfrutarás de diversas actividades y excursiones con tus compañeras auxiliares de vuelo. Aunque los integrantes experimentados del equipo hayan visto una atracción turística varias veces, siempre estarán felices de acompañar a quienes no lo han hecho. A menudo, alguien del grupo se acercará a los demás con una idea emocionante que dará lugar a excursiones espontáneas o a aventuras inesperadas. Un recorrido en bicicletas montañeras por los Andes, un paseo en barco por la costa de Vietnam, un *rafting* por los rápidos de los Alpes franceses o un safari en un parque nacional en Sudáfrica pueden convertirse en algunos de tus momentos más preciados.

Las excursiones a lugares nuevos o desconocidos son más fáciles y, sobre todo, más divertidas cuando estás en buena compañía. De hecho, es encantador tener a alguien a tu lado, especialmente cuando estás lejos. Así disfrutas más y puedes empaparte de las impresiones de una nueva ciudad sin preocuparte por nada. Por lo general, estos viajes se planifican juntos, eso significa que todos pueden estar seguros de que vivirán una experiencia mágica e inolvidable.

Es prácticamente imposible aburrirse en esta profesión, nunca te quedarás sin cosas de las que hablar. No importa para qué aerolínea trabajes, la interacción dentro de la tripulación siempre es cálida y amigable y generalmente se basa en el respeto y la cortesía. En un ambiente como este, las largas horas a bordo pasarán en poco tiempo. ¿Y en qué otro lugar podrías mantener conversaciones estimulantes y apasionantes con tus compañeros de trabajo a las tres de la madrugada?

A diferencia de lo que ocurre en otros trabajos de negocios o profesiones administrativas, como auxiliar de vuelo no hay que cerrar contratos con clientes, plazos que cumplir, ni cifras que entregar, y no hay citas ni eventos de los cuales dependa el éxito del negocio. Otra ventaja importante es que no podrás llevarte el trabajo a casa. Al final de un día en el aire, el trabajo estará hecho y terminado. Tampoco hay presión profesional, aunque sí tienes oportunidades de ascender en la carrera profesional.

Otro incentivo son los períodos de trabajo y descanso estrictamente regulados, cuyo cumplimiento es supervisado periódicamente por las autoridades respectivas. Aunque tu tiempo libre puede ser en un país extranjero y no en casa, la relación entre las horas de trabajo reales y el tiempo libre suele ser a tu favor. Por ejemplo, cualquier día laborable se pueden hacer recados y compras. Esto a su vez aporta una flexibilidad que no existe en otras profesiones.

Las auxiliares de vuelo suelen tener afinidad en cuanto a sus gustos por el mundo de la aeronáutica y disfrutan de muchas pequeñas cosas de su trabajo. Ver despegar o aterrizar una aeronave puede hacer que sus corazones latan más rápido. El rugido de los motores, las fuerzas de aceleración, el estruendo del tren de aterrizaje al desplegarse y el frenado después del aterrizaje pueden provocarles mariposas en el estómago.

La mayoría de las personas que aceptan un trabajo como tripulante de cabina están seguras de la elección de su carrera y hablarán con orgullo de la valiosa experiencia que han adquirido gracias a su trabajo. Incluso después de muchos años en la profesión, si tuvieran que elegir, muchas volverían a tomar el mismo camino.

Preguntémosle a Richard,
un auxiliar de vuelo de 32 años de Malta.

**«Yo era joven y lo único que tenía
en mente era salir de fiesta».**

«La gente suele sonreír cuando cuento mi historia. Todo empezó cuando trabajaba como profesor en un colegio. Conseguí un trabajo siendo muy joven enseñándoles matemáticas a los niños. Disfrutaba el trabajo, pero era, con diferencia, el más joven del personal docente. Las conversaciones privadas durante los descansos giraban principalmente en torno a la vida familiar de mis compañeros, es decir, a sus hijos o sus cónyuges.

Con cada conversación, me sentía cada vez menos preparado para una vida que parecía estar trazada para mí. Era joven y en lo único en lo que pensaba era en celebraciones interminables, fiestas nocturnas y música a todo volumen. Quería salir, socializar y experimentar la vida.

En casa escuchaba atentamente las historias de mi hermano. Él era auxiliar de vuelo y se había mudado a los Emiratos Árabes Unidos por motivos de trabajo. Su vida era como un colorido viaje diario, experimentaba cosas emocionantes y su camino era todo menos aburrido y predestinado. ¡Eso era exactamente lo que yo quería!

La suerte quiso que mi hermano estuviera a cargo de un vuelo a nuestra casa en La Valeta, la capital de Malta, y gracias a él tuve la oportunidad de conocer a toda la tripulación de cabina. Se alojaban en un hotel cercano, así que aproveché la oportunidad para aprender más sobre este apasionante trabajo de la boca de los mismos protagonistas, por así decirlo. Estaba seguro de que había tomado el extremo equivocado del palo y que el trabajo sería muy diferente de lo que pensaba.

Mi hermano y los demás auxiliares de vuelo descansaban en la terraza de la piscina del hotel, algunos se daban un chapuzón en la piscina para refrescarse y otros se relajaban en las tumbonas, escuchaban música con sus auriculares mientras dormían una siesta o leían un libro. Todos tenían personalidades muy diferentes, pero lo que tenían en común era una adorable y encantadora naturaleza y un verdadero sentimiento de unión. Todos estaban de buen humor y, en realidad, eso era muy contagioso. Había una atmósfera verdaderamente sociable que me pareció increíble; después de todo, no sólo trabajaban juntos, sino que también era obvio que estaban felices de pasar su tiempo libre juntos.

Pasaban juntos sus períodos oficiales de descanso, es decir, hasta su próxima partida. Y no sólo eso: ya estaba planeando lo que harían por la noche. Mi hermano y yo pudimos ayudarlos y recomendarles opciones de restaurantes. Hablaron sobre dónde irían de fiesta después de cenar, lo cual también era totalmente lo mío. Como si hubiera formado parte del equipo desde el principio, inmediatamente me incluyeron en sus conversaciones, habían asumido automáticamente que no volvería a casa después de tomar el sol en la piscina. Así que, no sólo estuvieron de acuerdo con que yo estuviera allí, sino que en realidad era uno más de la pandilla. Animado por el buen humor y el ambiente alegre e informal, pude hacer todas mis preguntas sobre su vida laboral cotidiana. Una respuesta fascinante llevó a la siguiente y me di cuenta de cómo esto realmente cobró vida en mi interior. A partir de ese momento ¡quedé enganchado! Me dejé llevar por este estilo de vida y por el comportamiento de todo el grupo. Quería ser uno de ellos. Y lo hice».

Desventajas: los aspectos negativos del trabajo

Aunque la vida cotidiana en vuelo no siempre es tan glamurosa como en las películas, el trabajo innegablemente tiene un cierto estatus. De hecho, su reputación en la sociedad va desde el glamuroso y codiciado trabajo de ensueño hasta la imagen bastante desafortunada de «camarera glorificada en el cielo». Otra crítica es que no es un oficio cualificado reconocido, porque la formación sólo es válida para la empresa para la que se realiza. Aunque en principio esto no tiene nada de malo, si tu formación no es reconocida por otra compañía aérea o en programas de formación financiados por el estado, en algunos casos, esto puede ser un obstáculo para tu futura carrera profesional.

La rutina laboral diaria implica cambios frecuentes. La vida impredecible que supone el trabajo por turnos a menudo se manifiesta en molestias físicas como trastornos persistentes del sueño, malestares estomacales y digestivos, así como en una relajación mental insuficiente e incluso agotamiento. Además de esto, el esfuerzo físico que supone agacharse, cargar y levantar peso constantemente puede poner a prueba todo el sistema musculoesquelético.

Trabajar dentro de una aeronave también supone un esfuerzo físico para el cuerpo, debido a la presurización de la cabina que controla la presión interna. Los cambios de presión propios de los múltiples despegues y aterrizajes son como subir y bajar una montaña varias veces al día. Esto se nota especialmente en las rutas de corto y mediano recorrido: si los tiempos de vuelo son más cortos hay más despegues y aterrizajes en el día.

> «La mayoría de las veces sólo ves la terminal delante de ti, pero no desembarcas. En lugar de conocer muchos lugares nuevos, en vuelos de corta distancia lo único que ves son aeropuertos».
> Dhakiya, 23 años, Kenia.

En el servicio de larga distancia, hay muchos menos despegues y aterrizajes, pero debes cruzar varias zonas horarias. Eso significa que tendrás menos tiempo para recuperarte y te cansarás cada vez más. Cuando tu ritmo habitual de sueño y vigilia cambia, tus patrones de sueño también cambiarán. Despertarte por la noche y no poder volver a conciliar el sueño es tan común como sentirte agotado durante el día.

Una aeronave es un espacio de trabajo relativamente estrecho que no ofrece mucho espacio para retirarse. No hay privacidad ni posibilidad de trabajar sin ser molestado. Cada acción tiene lugar bajo la atenta mirada de pasajeros curiosos, ellos disfrutan mucho observando cada uno de tus movimientos y esto incluye las operaciones a bordo, la interacción entre la tripulación de cabina y el trato con otros pasajeros. Esto último requiere especial habilidad e intuición, ya que cada pasajero incorpora su propio estado de ánimo a bordo. En unas pocas filas de asientos, encontrarás personas ansiosas, enojadas y exigentes que, a su manera, necesitan tu comprensión y paciencia.

El riesgo de verse envuelto en una situación conflictiva o peligrosa es mayor que en otras profesiones. Un pasajero puede enfermarse, lesionarse a sí mismo o a otros, o volverse autoritario. Por otro lado, un dispositivo electrónico puede empezar a emitir humo en cualquier momento o el desacato de señal de prohibido fumar en el baño puede provocar un incendio.

Las diferentes condiciones meteorológicas también generan descargas ocasionales de adrenalina. Por ejemplo, en un solo turno, puedes experimentar todo, desde una zona con mal tiempo que hay que atravesar volando a gran altura hasta turbulencia de tormentas de arena, y pasar por un aterrizaje en medio de una fuerte nevada.

Si tu empleador te exige pasar muchas noches en el extranjero, vivirás una vida cotidiana completamente nueva, antes de que te des cuenta, vivirás con una maleta, te registrarás y saldrás de hoteles a horas insospechadas y tendrás que lidiar con circunstancias desconocidas. Deberás ser tan impertérrito como para que no te importe dormir en extrañas camas de hotel en un entorno siempre nuevo.

Las citas, las celebraciones familiares y las tradiciones más preciadas juegan un papel secundario en las listas de tareas (en la mayoría de los casos mensuales). A menudo no es posible planificar con más de cuatro semanas de antelación. E incluso eso no es un hecho, ya que se pueden presentar cambios en cualquier momento. Los horarios de trabajo de los auxiliares de vuelo requieren de máxima flexibilidad. Estar de guardia, con la posibilidad de tener que ir a trabajar con poca antelación, también afecta el tiempo que tienes en casa para realizar otras actividades. Factores como estos son los que pueden resultar estresantes para la vida familiar. De hecho, cada lista de tareas exige un cierto nivel de aceptación y sacrificio por parte de tu pareja.

Como miembro de la tripulación de vuelo, también experimentarás la feroz competencia que impera dentro de la industria. El sector aeronáutico es particularmente vulnerable a las crisis, las disputas políticas y los conflictos comerciales internacionales. El éxito económico de una aerolínea también se ve afectado negativamente por cuestiones medioambientales o por el aumento de los precios del petróleo.

Estos factores aumentan la inseguridad laboral, al igual que los frecuentes contratos temporales y estacionales y el hecho de que el personal sea esencialmente reemplazable. La preocupación por la posibilidad de perder tu trabajo en cualquier momento te acompaña constantemente, especialmente porque te podrían considerar no apto para volar en cualquier instante.

Con cada año que pasa, tus necesidades sociales y aspiraciones profesionales cambiarán. Dependiendo de la etapa de la vida en la que te encuentres, perseguirás diferentes objetivos. Por ejemplo, una persona en sus veintitantos años que acaba de terminar la escuela tiene aspiraciones diferentes a las de alguien en sus treintas que puede estar planeando formar una familia. Al final, tienes que evaluar los diferentes pros y contras y encontrar el equilibrio, por difícil que sea.

Preguntémosle a Emily,
una auxiliar de vuelo de 24 años de Australia.

«Extraño a mi familia y a mis amigos».

«Se trata de momentos como estos, cuando me encuentro paseando por el mercado de Marrakech como ahora. Disfruto estar aquí, observando el ajetreo de los lugareños desde lejos, respirando los intensos y fragantes aromas orientales que me recuerdan una época pasada de *Las mil y una noches*. Mientras tanto, observo la deliciosa comida árabe profusamente expuesta en los platos, sobre pequeñas mesas dispuestas a lo largo de los callejones, y en mi mente ya estoy eligiendo un restaurante para cenar esa noche. Y todo esto lo experimento en el poco tiempo que tengo disponible, mientras me apresuro a acercarme a los comerciantes del mercado que venden zumo de naranja recién exprimido. A estas alturas, ya soy una profesional para escabullirme de los encantadores de serpientes marroquíes, con la esperanza de que esta vez tampoco se me acerquen. ¡Todo esto es exactamente lo que amo de mi trabajo! También me encanta trabajar con pasajeros y tengo la sensación de que ellos también sienten el placer que siento al hacer mi trabajo.

¿Qué si quiero ser una auxiliar de vuelo por el resto de mi vida? No, no lo creo. Algún día quiero formar una familia, tener hijos, un jardín y todo lo que implica un hogar. Extraño muchísimo a mi familia y a mis amigos cuando estoy fuera días seguidos. Hay algunas desventajas con las que no creo que pueda vivir dentro de unos años. Por ejemplo, los vuelos tempranos son terribles. Empezar un turno con muy pocas horas de sueño después de una noche corta no es fácil. También puedo sentir cómo mi cuerpo intenta soportar cuatro vuelos al día, reacciona a ello y cambia. Los constantes altibajos son físicamente exigentes y mentalmente desafiantes, por no hablar de adaptarse a diferentes zonas horarias. Yo siempre mantengo mi huso horario habitual, el que mi cuerpo conoce. Así que, al menos en ese aspecto, tengo una estrategia que funciona. Aunque aprecio el trabajo, también es importante no dejar de reflexionar sobre los inconvenientes».

Oportunidades profesionales

Salario y beneficios

Muchos operadores aéreos son abiertos y transparentes en cuanto a los salarios de la tripulación de cabina. El rango salarial de los auxiliares de vuelo es extremadamente amplio, con salarios que varían mucho dentro y entre aerolíneas. Dependiendo de la compañía, la región, la clase fiscal y el rango, el nivel salarial está sujeto a enormes fluctuaciones, aunque generalmente son fijos y sólo negociables en casos excepcionales.

Al comparar los salarios de diferentes aerolíneas, vale la pena echar un vistazo a los detalles del contrato. En lugar del típico salario fijo que conocemos en otras industrias, las estructuras salariales variables no son inusuales en esta. Los incentivos económicos alientan a los empleados a tener un buen desempeño, y esto es precisamente lo que toda aerolínea se esfuerza por lograr. Por otro lado, esta flexibilidad le permite a la gerencia recortar en beneficios voluntarios, como bonificaciones en tiempos de dificultad económica. Si el salario base permanece intacto, hacer eso no es tan complejo desde el punto de vista legal.

Los componentes variables del salario incluyen asignaciones diarias adicionales llamadas viáticos a las que los empleados tienen derecho legalmente para costear sus comidas en el extranjero. Además, cada contrato de trabajo incluirá disposiciones sobre horas extraordinarias, asignaciones para segmentos de vuelo adicionales, así como una bonificación global por trabajar en días festivos o turnos de noche. Las comisiones por ventas a bordo también pueden formar parte del componente salarial variable, al igual que las bonificaciones por conocimientos adicionales de idiomas extranjeros, antigüedad y por asumir responsabilidades y funciones adicionales dentro del equipo.

Además de los beneficios monetarios, también existen activos no monetarios que se encuentran entre las ventajas del trabajo. Uno de ellos es el seguro adicional de salud y accidentes, que no todos los empleadores contratan automáticamente. Especialmente en el ámbito de la salud, las grandes compañías aéreas tienen varios acuerdos de cooperación que son bastante atractivos. Como recompensa por cumplir objetivos internos, a menudo se ofrecen membresías a costos reducidos o incluso gratuitas en diversas instalaciones deportivas como gimnasios, o se reducen los costos de los tratamientos de salud.

Estos activos no monetarios pueden variar de una compañía aérea a otra. Si una empresa ofrece opciones de vivienda, esto la hace aún más atractiva como empleador potencial. Lo mismo aplica a cualquier servicio de transporte entre los apartamentos de la empresa y el aeropuerto. Además, a veces se anuncian como ventajas del trabajo generosos descuentos en billetes de avión, coches de alquiler y reservas de hotel, así como en restaurantes y tiendas de aeropuertos. En ocasiones, los empleados se benefician de otras asociaciones que tiene la compañía que les permite disfrutar de mejores planes de telefonía móvil, mejores condiciones en préstamos personales, seguros y descuentos minoristas, por ejemplo.

Si viajas al extranjero por negocios, la aerolínea se hará cargo de toda la organización y los gastos de viaje y alojamiento. Además, los costos de cualquier formación que puedas necesitar corren a cargo de la empresa que, además, también se hará cargo de tu uniforme básico, aunque tú eres responsable de cuidarlo adecuadamente, lavarlo al seco, etc.

Sin embargo, lo importante es que disfrutes de tu trabajo y que te veas a ti misma como parte del panorama general. De hecho, un buen ambiente de trabajo puede compensar la falta de beneficios. Tu propio bienestar es la clave para mantener un buen equilibrio entre la vida privada y la laboral. Al fin y al cabo, si pasas tanto tiempo lejos de tu familia, no suele tratarse sólo de dinero.

Preguntémosle a Hiu Tung,
una auxiliar de vuelo de 30 años de Hong Kong.

«Nunca imaginé ver estos lugares en mi vida».

«Es gracioso. Estoy parada en un castillo en la ciudad japonesa de Toyama. Hasta hace una semana, no sabía que había un vuelo cuyo destino era este, y mucho menos que este paraíso en la tierra existía. La ciudad está a unos 300 kilómetros de la metrópolis mundial de Tokio. Todavía es invierno y hay pocos turistas internacionales. Por eso es aún más bonito para mí descubrir esta ciudad en la nieve.

Después de dejar la escuela secundaria, lo que quería realmente era ser una oficial de policía. Mi familia trabajaba para el gobierno, por lo que, aspirar a un empleo en la administración pública era un paso lógico para mí. Pero un día, unos amigos me hablaron de una compañía aérea del pequeño país de Qatar que era conocida por contratar personas de diferentes países y orígenes. Investigué un poco en línea y, en ese momento, decidí enviar una solicitud.

Fue un impulso y mis padres no aprobaron mi espontánea decisión. Se enojaron aún más cuando dejé mi trabajo estable para dar este salto y mudarme porque, de hecho, la compañía me ofreció un trabajo. Les preocupaba que, una vez que me fuera de casa, nunca regresara.

Ahora ven las cosas de otra manera. Se sienten tranquilos porque siempre vuelvo y escuchan con avidez cuando les hablo de mis viajes. Ahí es donde reside la magia, mi magia. Cada día experimento muchas cosas nuevas, he tenido impresionantes experiencias que jamás hubiera creído posibles, y todavía hay mucho por delante.

Hice un viaje en barco para observar ballenas, navegué por costas rocosas y he buceado en islas impresionantes. He podido ver de cerca el asombroso mundo submarino en varias ocasiones. Visité ciudades de Estados Unidos, estuve de safari en Kenia y Tanzania, pasé una temporada navideña en Alemania y quedé hipnotizada por la deslumbrante aurora boreal en el paraíso invernal de Finlandia. Mis vuelos me han llevado a todos los continentes y al destino más impresionante que he conocido hasta ahora: la pequeña isla caribeña de Bonaire.

Pero aún no he visto lo suficiente. Incluso tengo una lista de aventuras que estoy decidida a vivir antes de cierta edad. Para mí no siempre se trata de actividades llenas de acción. Cada vez que visito un país, aprendo mucho sobre los lugareños y su cultura».

Escala profesional y perspectivas de futuro

Si has adquirido suficiente experiencia profesional en la empresa y te gustaría asumir más responsabilidades en el futuro, puede que se te presenten oportunidades de promoción dentro de la compañía aérea. No hace falta decir que atraer de antemano cualquier tipo de atención negativa no será de utilidad para ti. De hecho, un buen desempeño constante es la única manera de tener la oportunidad de conseguir un puesto más alto en el equipo.

En cada vuelo hay una persona que tiene el cargo de asistente sénior, cuyo puesto recibe diferentes nombres, como «*purser*» o sobrecargo, «auxiliar de vuelo sénior», «jefe de cabina», «*maître de cabina*» o «jefe de servicio de cabina». Además de las obligaciones del día a día, tus tareas como jefa de auxiliares de vuelo incluyen preparar al equipo para la jornada laboral, dirigirlo durante todo el día y estar siempre al tanto de lo que está pasando. Tú realizarás la sesión informativa previa al vuelo, te comunicarás con el personal de tierra, harás los anuncios de embarque, supervisarás a nuevos colegas y realizarás el papeleo posterior al vuelo. También serás responsable del desempeño de los demás miembros de la tripulación y será tu trabajo resolver los desacuerdos a bordo. Durante todo el vuelo, estarás en contacto con la cabina de pilotaje e informarás a los pilotos todo lo que suceda en la aeronave.

En aviones de fuselaje ancho de recorrido largo, el ascenso para ser una auxiliar de vuelo sénior es ligeramente diferente. Debido a las diferentes clases de transporte, comienzas desempeñándote en tareas para atender a la clase económica y luego podrás avanzar lentamente hasta llegar a los pasajeros de clase ejecutiva y primera clase. Los diferentes estándares de servicio a los pasajeros en las distintas clases reflejan la escala profesional en la que puedes ir ascendiendo, hasta llegar a la cima y al puesto de jefe de auxiliares de vuelo.

Además del servicio de vuelo activo, también puedes involucrarte en otras áreas de responsabilidad. Por ejemplo, puedes ayudar en ferias y eventos en los que tus conocimientos y experiencia, así como tu comportamiento profesional, puedan ser beneficiosos para la aerolínea. La experiencia de algunos miembros de la tripulación también puede aprovecharse en programas de fidelización de clientes y en el equipo de contratación. Dependiendo de tus talentos e intereses individuales, es posible que desees involucrarte en las actividades más típicas, tareas administrativas como la planificación de la tripulación, siempre que la empresa apoye esta iniciativa.

Entrenar al entrenador

Otra forma de desarrollo profesional es estar autorizado para preparar a las generaciones futuras en sus carreras como auxiliares de vuelo. Convertirte en instructor o formador algún día es un objetivo que vale el esfuerzo, y puedes hacerlo como una alternativa a la carrera de auxiliar de vuelo o paralelamente con el trabajo.

Aunque normalmente hay más personas interesadas en puestos de formador que vacantes, existe una considerable demanda de formación, lo cual significa que las posibilidades de que algún día enseñes en un aula son bastante buenas. Además de la formación básica a la que se someten los nuevos empleados, los miembros activos de la tripulación también tienen que realizar cursos de actualización (la cantidad exacta y la frecuencia varían de una aerolínea a otra). Dado el gran número de unidades de formación, se necesita una cifra importante de formadores y estos miembros proceden de nuestras propias filas o de proveedores de formación externos contratados a corto plazo.

La enseñanza no sólo depende de tus habilidades sociales y de tu experiencia, las cuales son esenciales, también necesitas una mentalidad corporativa y ser capaz de transmitirla a los participantes del curso. El personal de vuelo debe estar capacitado para apoyar a la dirección en sus decisiones y comunicar los valores de la compañía aérea a los pasajeros en forma de servicios. También es responsabilidad del formador asegurarse de que todos trabajen juntos, que estén familiarizados con los entresijos legales básicos y que sigan las pautas de estilo, comunicación, procedimientos operativos de vuelo y capacitación relacionada con la seguridad.

En los cursos de formación inicial no hay mucho tiempo para formar a los participantes sobre los estándares de servicio, ya que los horarios suelen estar bastante llenos. A pesar de las numerosas unidades didácticas, sigue siendo necesario un apoyo individual para los alumnos, especialmente en lo que respecta a contenido que les cuesta aprender o que los sacan de su zona de confort, por ejemplo, hablar frente a una audiencia. Una cosa es aprenderse de memoria los comunicados del tablero de anuncios y recitarlos para ti mismo, y otra muy distinta es hablar por el micrófono delante de una audiencia. Latidos cardíacos acelerados, respiración rápida, manos sudorosas, temblores por todo el cuerpo, sequedad en la boca, ganas repentinas de orinar o náuseas son los típicos síntomas que los actores y las actrices suelen experimentar antes de subir al escenario. Son muy pocas las personas que desean convertirse en auxiliares de vuelo y que esperan enfrentarse algún día a tal nerviosismo o timidez.

Para que un anuncio de embarque estándar se transmita de forma natural y sin esfuerzo, con una voz agradable y a una velocidad aceptable, se necesita el apoyo profesional de un formador competente, pues los libros de texto por sí solos no te ayudarán en este punto.

Preguntémosle a Muriel,
una auxiliar de vuelo belga de 33 años.

«Intenta explicarle a alguien que no bebe alcohol el sabor que este tiene».

«Cuando dejé mi trabajo como profesora para convertirme en una auxiliar de vuelo, no había manera de saber que la experiencia que había adquirido en mi trabajo como docente volvería a serme útil. Definitivamente, tener experiencia en educación no es un requisito previo para trabajar en un equipo de capacitación de una aerolínea, pero esa habilidad me ha ayudado a ascender en mi carrera profesional.

Permíteme resumir mi vida como entrenadora con algunos números. Hablo cuatro idiomas con fluidez y tengo conocimientos prácticos de otros tres. Durante los últimos años, he podido formar a 12 tripulantes de cabina por semana, en promedio, cambiando la aeronave por un aula cada dos meses. Así, mientras volaba activamente un mes, podía volver a enseñar al siguiente. En cuatro años, he supervisado a 864 alumnos, más que nadie en mi empresa. Me gusta especialmente el entorno internacional en el que trabajo, pues mis alumnos provienen de más de 60 países diferentes.

Me habría perdido todo esto si hubiera seguido en mi antiguo trabajo como profesora. Nunca habría tenido que descubrir cómo explicarles a los musulmanes a qué saben los vinos y licores que servimos a bordo. Ellos no beben, así que obviamente no saben a qué sabe el alcohol, y no van a empezar a beber precisamente por mí, aunque, de todos modos, tampoco hubiera permitido que eso sucediera. Al final comparé los vinos con diferentes frutas y otros sabores para darles una mejor idea. Parte de mi trabajo consistía en enseñarles a atender a los pasajeros de primera clase y que, al final del curso, pudieran hacerles recomendaciones de vinos a los pasajeros».

Programas para estudiar y volar

Estudiar y trabajar al mismo tiempo requiere disciplina y perseverancia. Por supuesto, no lo conseguirás sin hacer sacrificios, la mayoría de las veces, en tu vida privada. La doble carga —porque no tienes el tan importante tiempo de relajación después del servicio de vuelo— puede aumentar tus niveles de estrés y los signos de fatiga. Y esto no sólo aplica al estudio, sino también a asistir a una escuela nocturna, una pasantía y cualquier otro curso de formación o desarrollo personal.

La oportunidad de combinar esta maravillosa profesión con la educación o formación continua también es una buena oportunidad para que algunas aerolíneas hagan frente a las fluctuaciones estacionales. Por ejemplo, las compañías aéreas vacacionales o las empresas de vuelos chárteres tienen que gestionar la escasez de personal en temporada alta y, al mismo tiempo, tener suficientes miembros de tripulación para mantener sus aviones operativos. Por este motivo, las compañías aéreas ofrecen modelos lucrativos de jornadas laborales, como el trabajo a tiempo parcial o los llamados programas *Study and Fly* o estudia y vuela.

Sin embargo, lo que hay que tener en cuenta, es que no tienes derecho a un horario de trabajo flexible que te permita ejercer actividades privadas o incluso realizar un curso, tanto si la asistencia es obligatoria o no. La atención se centra en el trabajo en sí, es decir, volar. Eso sí, para que no te pierdas ningún curso de formación, conferencias, fechas importantes o incluso exámenes, tienes la opción de intercambiar turnos, solicitar vacaciones por un periodo concreto o tomar días de permiso.

Preguntémosle a Kathrin,
una auxiliar de vuelo de 40 años de Alemania.

«Mi corazón está en modo vuelo».

«El gran interés que tenía por la industria aeronáutica ya era evidente desde muy joven. Sin embargo, una vez que terminé mi formación para ser una auxiliar de vuelo, decidí añadirle otra cuerda a mi arco, por así decirlo. En ese entonces —e incluso ahora— no sabía si seguiría disfrutando de volar a medida que me hiciera mayor.

Además de mi trabajo de tiempo completo en la aviación, dediqué cada minuto libre que tenía a mis estudios. Fue bastante duro debido a todos los exámenes que tuve que presentar, haciendo mi trabajo doblemente difícil para mí. Los diferentes destinos a los que pude volar y conocer, un poco gracias a la importante red de rutas de la aerolínea, fueron mi forma de desconectar. Aunque invertí mucho tiempo y energía en mis estudios, volar seguía siendo lo que hacía que mi corazón latiera más rápido».

Auxiliares de vuelo VIP en un avión de negocios

Otra opción para una auxiliar de vuelo es trabajar en un *jet* privado o de negocios. A diferencia de las compañías aéreas, estos sólo vuelan a petición del cliente y no según un horario de vuelo. La aeronave y la tripulación deben estar listos para despegar en muy poco tiempo. Los propietarios de las aeronaves y sus clientes aprecian esta flexibilidad; después de todo, esta es una de las razones por las que las empresas y particulares gastan dinero en el lujo de este medio de transporte. Para la tripulación, eso significa estar de guardia constantemente. Todas las operaciones se adaptan a las necesidades del cliente, porque esta parte de la industria se basa en la individualidad.

Trabajar a bordo de un *jet* privado que transporta a ricos y famosos, aristócratas, políticos o deportistas de renombre supone algo más que experimentar sus formas de vida, significa tener que adaptar tu propia rutina a sus hábitos. Dependiendo de la situación laboral, podrías estar de viaje durante días o incluso semanas seguidas, normalmente sin descanso ni la oportunidad de volver a casa. Durante este tiempo no hay horarios de trabajo fijos ni agendas de vuelos recurrentes, como los que conocemos en las redes de rutas de las aerolíneas comerciales. Básicamente, cualquier destino es posible y en cualquier momento.

Puedes visitar metrópolis y llegar a las zonas más remotas, dos aspectos que resultan muy atractivos para los trotamundos. En un minuto puedes estar admirando finas arenas blancas y las aguas cristalinas del caribe, y dos días después puede esperarte una cabaña de madera en el norte de Canadá. Cada vuelo supone una nueva aventura y la oportunidad de vivir experiencias únicas en la vida. Hacer la maleta no resulta ser una tarea fácil, porque si no sabes dónde estarás días después, ¿cómo puedes adivinar si necesitarás trajes de baño o abrigos de lana para el invierno?

> **«Al principio me sentía honrada de volar con famosos. Hoy los veo como personas normales, como tú y yo. Sin embargo, las diferencias de trabajar para una aerolínea hablan por sí solas».**
> Lana-Theresa, 28 años, Austria.

La duración de tu permanencia en un lugar depende únicamente de los objetivos privados y laborales de los clientes. A veces necesitan su lujoso medio de transporte con menos frecuencia, entonces la aeronave permanece en tierra sin utilizarse durante días. Para ti, eso significa cambiar tu forma de comprender el tiempo libre. Cuando trabajas para una aerolínea, puedes planificar cosas que hacer en tu tiempo libre. Sin embargo, al volar en *jets* de negocios, o en la aviación en general, acabas teniendo tiempo libre cuando no hay ningún vuelo previsto. Durante las horas de servicio, tú y tus colegas de cabina deben estar siempre de guardia, preparados y listos para llegar al aeropuerto con poca antelación y volar a un nuevo destino.

La mayoría de las aeronaves de negocios vuelan con dos pilotos y un auxiliar de vuelo. Las que son tan grandes como un avión de pasajeros requieren más personal en cabina para garantizar que haya suficiente personal para atender a los pasajeros. Sin embargo, por muy grande que sea la aeronave de lujo, los auxiliares de vuelo de los *jets* privados siempre tienen más responsabilidades. Tienen que atender cuidadosamente cada solicitud y cada detalle antes, durante y después del vuelo.

El trabajo de una auxiliar de vuelo VIP —también conocido como «azafata de cabina» o «azafata de vuelo»— se puede comparar mejor con administrar tu propio pequeño hotel. Debes aspirar el suelo, desempolvar todos los armarios, persianas y alacenas, pulir los muebles y limpiar los asientos y el inodoro. Tienes que comprar todo, desde papel de cocina hasta papel higiénico en el supermercado más cercano, y todo lo que no puedas hacer tú mismo tienes que organizarlo y gestionarlo con otras empresas. Se necesita capacidad para improvisar, por ejemplo, a la hora de limpiar mantas y colchones o cuando la máquina de café se estropea en un lugar donde no hay forma de repararla o sustituirla, debes buscar la manera de solventar la situación.

El diseño interior de un *jet* de negocios es siempre un reflejo del propietario y de sus preferencias. Mientras que las aeronaves más pequeñas suelen estar elegantemente amuebladas con amplios asientos de cuero para que las personas de negocios puedan viajar de A hacia B de forma rápida y cómoda, los modelos más grandes parecen un palacio volador. Para mayor comodidad, estas aeronaves cuentan con independientes áreas de estar, comedor y dormitorio. Algunas incluso ofrecen una sala de reuniones o un estudio adicional donde los pasajeros pueden trabajar sin ser molestados. En cuanto a la funcionalidad y el diseño, estas aeronaves no dejan nada que desear, hasta el sistema de entretenimiento y sonido está diseñado para impresionar. Desde el sistema de cine en casa hasta las ultramodernas pantallas multifuncionales, pasando por el acceso a Internet y la iluminación ajustable a bordo, hay además muchos extras. Para ambientar la hora de dormir, el techo de la cabina puede imitar un cielo estrellado. Y, si se solicita, también se pueden mostrar otros efectos de iluminación, como un romántico amanecer.

Este tipo de clientes presta especial atención al servicio de comidas y bebidas a bordo. El deseo de dejarse mimar, que es típico en este tipo de servicio, probablemente se acerque más a lo que se ofrece en primera clase de un vuelo regular. Los pasajeros esperan un nivel de servicio acorde con el de un restaurante de lujo. Mientras que en una aerolínea comercial muchas manos amigas —a menudo departamentos enteros— se encargan de toda la logística, como una auxiliar de vuelo VIP, todas estas tareas son tu responsabilidad.

Tú estás a cargo y eres el único responsable del inventario a bordo de la aeronave, desde la compra de suministros hasta la preparación de todas las comidas y del menú final. Dependiendo de los hábitos y deseos de tus pasajeros, se espera que presentes creaciones ingeniosas. Y para que esto funcione, deberás realizar una meticulosa planificación de las comidas en tu habitación de hotel. Desde allí ordenarás todos los suministros necesarios a la empresa de *catering*. También dependerá de ti conseguir las especias o ingredientes que falten. Es posible que la cocina del hotel pueda ayudarte con esto o también puedes comprar alimentos en el supermercado más cercano. La tarjeta de crédito corporativa es la clave para conseguir satisfacer cada solicitud especial y lograr la satisfacción del cliente al 100 %.

> «Los huéspedes VIP son cuidadosos de su privacidad».
> Sema, 31 años, Turquía.

Antes del despegue, se cargan en la aeronave licores, vinos y refrescos sin alcohol. La comida que se ofrecerá está cuidadosamente organizada y guardada para que esté siempre al alcance de la mano. Copas de cristal, vajillas y servilletas de tela crean un ambiente perfecto y exquisito para una cena de gala en el cielo. Volar en un *jet* privado es algo más que ir de A hacia B. Algunos pasajeros pasan tanto tiempo en el aire que el ambiente a bordo es especialmente importante para ellos.

Como una auxiliar de vuelo VIP en un *jet* privado o de negocios, se espera que conozcas las preferencias de tus pasajeros y puedas evaluar las situaciones correctamente. Para garantizar que los pasajeros no sean molestados y puedan retirarse y relajarse, es importante que permanezcas en segundo plano en todo momento. Se necesita tacto para saber cuándo se desea tu presencia y cuándo debes desaparecer. Si se celebra una reunión entre socios comerciales a bordo, la privacidad puede tener prioridad sobre llenar una copa de vino vacía, por ejemplo. De manera similar, si escuchas conversaciones confidenciales entre tus pasajeros sin darte cuenta, la integridad y confidencialidad de tu parte son primordiales.

Baja por embarazo y maternidad

Si quedas embarazada, pronto tendrás que preguntarte qué seguirá en tu carrera. Desafortunadamente, aquí no existen reglas estándar. Cada aerolínea aborda estas situaciones de manera diferente, algunas deciden que debes dejar de volar en el momento en que te enteras de que estás embarazada y otros te permiten seguir trabajando a bordo hasta cumplir las 12 semanas. Sólo en casos particulares es posible trabajar más tiempo, pero esta decisión requiere aprobación médica y que no haya complicaciones en el embarazo.

Volar es mucho más agotador durante el embarazo. Las influencias ambientales como el ruido en los aeropuertos, las vibraciones a bordo y las diferencias horarias dificultan aún más el trabajo. Al inicio del embarazo son más comunes las náuseas, el cansancio, los calambres, el aumento de la micción y los problemas circulatorios. Dado lo difícil que es desempeñar el trabajo con síntomas como estos, el servicio médico aeronáutico recomienda reducir el número de vuelos al mínimo o, en caso de embarazos de alto riesgo, evitar volar por completo.

Una vez que nazca tu bebé, lo que suceda con tu trabajo dependerá de la situación legal del país en el que estés empleada. Lo ideal sería que continuaras trabajando después de tu baja por maternidad; sin embargo, dependiendo del apoyo gubernamental y de los requisitos legales, el embarazo también puede dar lugar a la terminación inmediata del empleo. El trato a las empleadas varía de una compañía aérea a otra, y sólo unas pocas se esfuerzan por ofrecerles a las mujeres embarazadas un puesto temporal de oficina para facilitar su regreso al empleo regular una vez que nace el bebé.

Los hijos y la carrera profesional

Los constantes viajes no facilitan una conciliación entre la vida laboral y la crianza de los hijos. Es necesario que haya mucha comunicación con tu pareja y la voluntad de hacer concesiones por partes de ambos conyugues para encontrar una solución que funcione para la familia. Después de todo, aunque los padres también tienen que hacer concesiones en este sentido, son las mujeres las que tienden a asumir las principales tareas de la gestión familiar, incluso hoy en día. De modo que, por este lado, los auxiliares de vuelo masculinos suelen tener esta parte más fácil.

Aunque los papeles típicos están cambiando lentamente y las responsabilidades gradualmente se distribuyen de manera más justa, las opiniones y expectativas individuales inevitablemente entrarán en juego cuando se trata de la familia. Muchas veces no se trata sólo de una cuestión de voluntad, porque muchas personas dependen del dinero y gastan una cantidad considerable de energía tratando de conciliar la familia y la carrera. Sin embargo, un padre que pasa varios días lejos de la familia durante un vuelo, generalmente enfrentará muchas menos críticas que una madre que hace lo mismo.

Las auxiliares de vuelo que tienen niños deberán organizar un adecuado cuidado de los niños para cada turno, si las parejas no están disponibles para hacerlo. Durante las estancias en el extranjero, será necesaria atención las 24 horas, y quien asuma este rol, sean familiares, amigos o un cuidador profesional, deberá estar disponible con poca antelación. Ocasionalmente necesitará alguien que esté disponible para cuidar a los niños durante períodos de tiempo más prolongados, que puedan llevarlos a la clínica si se enferman o recogerlos en el colegio. La lista de turnos puede cambiar en cualquier momento, pues los vuelos regulares pueden retrasarse o incluso cancelarse por completo debido al mal tiempo, por ejemplo. A pesar de todas estas situaciones imprevisibles, es necesario crear un entorno estable para que puedas conciliar tu vida familiar y tu carrera dentro de esta industria.

Preguntémosle a Carla,
una auxiliar de vuelo de 31 años de Portugal.

«Sé optimista sobre el futuro».

«Quedé embarazada a los 23 años, cuando aún estaba en la universidad. Me gradué y luego conseguí un trabajo a tiempo parcial. Como nueva mamá, fui muy cuidadosa con el dinero, y conocí todos los trucos para ahorrar, por necesidad, no tuve más remedio que cuidar cada centavo. Aun así, mis ingresos nunca fueron suficientes para llegar a fin de mes, no eran suficientes para lograr mantenernos yo y mi bebé.

Entonces, decidí entrar en el proceso de selección de una aerolínea y salí adelante a pesar de la competencia. Pero mi euforia inicial dio paso a la decepción, ya que, después de todo, la aerolínea no pudo aceptarme. Me sentí feliz y triste al mismo tiempo. En la compañía me dijeron que se comunicarían conmigo tan pronto como hubiera un puesto de tripulante disponible. Sin embargo, esperar y no saber cuánto tiempo tardaría era un riesgo demasiado grande para mí.

Al mismo tiempo, en casa todo estaba descontrolado y me sentía realmente estancada. Mantuve muchas discusiones con el padre de mi hijo y los problemas parecían estar fuera de control. Admito que hubo un breve momento en el que sentí ganas de huir de todo; sin embargo, las ganas de empezar de nuevo eran más fuertes. Estaba dispuesta a dejar atrás el pasado y ser optimista sobre el futuro, por mi propio bien y el de mi hijo.

Después de postularme para muchos trabajos, finalmente llegó mi gran oportunidad. Me mudé a otro país, a seis horas de vuelo de casa. La formación inicial duró unos seis meses y durante todo ese tiempo tuve que dejar a mi hijo con mi familia. Soy una madre amorosa que haría cualquier cosa por su hijo, así que fue una decisión realmente difícil, pero tuve que tomarla en beneficio de nuestra felicidad a largo plazo. En cualquier parte del mundo a la que iba, ponía una alarma para llamar a mi hijo, a veces, en mitad de la noche, pero no me importaba, pues no hay nada que no haría por mi pequeño rayito de sol. Mientras mis compañeros hacían turismo o se iban de fiesta, yo me quedaba en la habitación del hotel. Ahorraba cada centavo del dinero que tanto me costaba ganar y lo transfería a casa para mantener a mi hijo.

Hoy vivimos una vida feliz, saludable y financieramente estable. No importa lo que haga, mi hijo siempre es mi prioridad. Creció dentro de esta industria, no conoce otra cosa. Por supuesto que se pone triste cuando no estoy, pero al mismo tiempo está muy orgulloso de su madre voladora».

Salud y estilo de vida

Mantenerse en forma es muy importante, tu propia aptitud para volar depende de ello. A bordo estás sometida a fuerzas que debes contrarrestar mediante el ejercicio y el deporte, de lo contrario, tu salud puede verse afectada a largo plazo.

Los humanos estamos expuestos a radiación permanente y natural. Esta existe no sólo en la superficie terrestre, sino especialmente en altitudes elevadas. Cuanto más alto vuele una aeronave, más fuerte será el efecto sobre nosotros. Eso resulta inofensivo para viajeros poco frecuentes y ocasionales, pero puede afectar el cuerpo de aquellos que, por su trabajo, viajan más asiduamente.

«Para reducir mis niveles de estrés, hago ejercicios diariamente en las instalaciones deportivas del hotel».
Annegrit, 22 años, Suecia.

Las auxiliares de vuelo y la tripulación de la cabina de pilotaje están expuestos a radiación cósmica más frecuentemente que el viajero promedio, de modo que, para protegerlos, los niveles de radiación se miden continuamente. Dicho esto, el límite máximo permitido es tan alto que es muy poco probable que los niveles encontrados ni siquiera se acercan a este.

Otra carga para el cuerpo humano es la que procede de la presurización de la cabina. La presión dentro de la aeronave, controlada artificialmente, obliga a nuestros oídos a igualarla durante los ascensos y descensos. En las personas sanas, esto sucede sin ninguna acción de su parte. Tanto el aumento como la disminución de la presión dentro de la cabina es gradual, por lo que nuestro cuerpo tiene tiempo de adaptarse, sin embargo, tan pronto como nos resfriamos, esto no sucede automáticamente. Aquellos que acuden a trabajar teniendo síntomas parecidos a los de la gripe o senos nasales bloqueados corren el riesgo de soportar un turno doloroso y potencialmente podrían causarse daños permanentes.

Si tienes un resfriado leve, puedes compensar la presión tapándote la nariz, presionándola suavemente y luego tragar. Masticar y bostezar estimulan a los pequeños músculos de la trompa de Eustaquio para que estos se contraigan y abran el canal de conexión. Para facilitar este proceso se recomienda el uso de un espray nasal, eso hace que las membranas de las mucosas se hinchen, alivia los síntomas del resfriado y facilita la compensación de la presión.

Pero con resfriados más severos o senos paranasales dolorosos u obstruidos, estos pequeños trucos no ayudan mucho y los síntomas sólo empeorarán una vez que estés en el aire. Esto incluso podría provocar una lesión en el oído debido a la presión que, a su vez, puede derivar en complejas enfermedades del sistema auditivo. El tímpano puede romperse debido a un estiramiento excesivo, provocando daños permanentes e incluso pérdida de la audición. Innumerables miembros de tripulación han perdido su condición física debido a un fuerte resfriado. Por una vergüenza fuera de lugar o incluso por haber calculado mal la gravedad de su resfriado, se abstuvieron de declararse enfermos.

A diferencia del tan minimizado resfriado común, el riesgo de esparcir gérmenes a bordo suele ser exagerado. Con pasajeros y tripulación juntos y encerrados durante horas, el aire que se respira en las aeronaves debe renovarse constantemente. El aire de la cabina se filtra y purifica mediante un sistema dedicado, eliminando virus y bacterias y, literalmente, los gérmenes se tiran por la borda. A través de los motores y la cabina presurizada se bombea un suministro constante de aire fresco al interior de la aeronave.

Por otro lado, si ya has tenido un fuerte y persistente dolor de cabeza en tierra, no debes volar bajo ningún concepto. Quienes comienzan su vuelo bien descansados, comen y beben lo suficiente, hacen ejercicio regularmente y cuidan su cuerpo pueden afrontar las turbulencias mucho mejor que aquellos que hacen lo contrario.

No es fácil describir lo que se siente al volar por una zona de mal tiempo. Incluso los miembros de la tripulación perciben las turbulencias de formas muy diferentes y realizan valoraciones distintas en función de su nivel de conocimientos y experiencia. El hecho es que apenas una pequeña proporción de los viajeros aéreos experimentan turbulencias realmente fuertes, pues incluso las tormentas que normalmente se sienten verdaderamente fuertes, en la mayoría de los casos, son «sólo turbulencias leves». Sin embargo, como una auxiliar de vuelo, es más probable que te veas expuesta a experiencias angustiosas de turbulencias incómodamente severas debido, principalmente, al número de vuelos que realizarás al año, aunque las regiones a las que suela viajar la aerolínea también influyen en esto. Cuanto más fuerte es una turbulencia, más afecta a nuestro organismo. Por ejemplo, si bajan los niveles de azúcar en sangre, esto puede provocar sudoración, apetito voraz o incluso una mayor sensación de frustración, entre otras cosas. Por otro lado, la falta de líquidos deshidrata el cuerpo y conduce a una mala concentración. Así, serás más sensible a las turbulencias y tu trabajo se sentirá más agotador.

Aparte de esto, una dieta saludable y buenos hábitos alimenticios también son importantes por otras razones. Para mantenerse en forma para el servicio, los miembros de la tripulación reciben instrucciones de abstenerse de comer platos de carne o pescado crudos, para prevenir cualquier enfermedad o malestar causados por alimentos en mal estado. Grandes cantidades de alimentos hipercalóricos, grasos y dulces también tendrán un efecto negativo en tu rendimiento, especialmente si comer ese tipo de alimentos es la norma para ti. Resumiendo en pocas palabras, todos los empleados del servicio aéreo deben tener presente que una buena aptitud para volar depende de su salud y bienestar general.

> **«Para mantener el cuerpo y la mente en equilibrio necesitamos formas de descompresión, eso fortalecerá nuestro bienestar».**
> Malee, 26 años, Tailandia.

Un estilo de vida saludable no sólo reduce el riesgo de enfermedades, sino que también ayuda al cuerpo a afrontar mejor los desfases horarios o *jet lags*. Los cambios bruscos de husos horarios son difíciles de afrontar para el organismo humano, alterando su ritmo natural. Las consecuencias de estos pueden ser fatiga, patrones desordenados de sueño y alimentación, así como cambios de humor y molestias físicas. El tracto digestivo humano es particularmente sensible, no es raro que el tracto gastrointestinal funcione según la zona horaria del país de origen. La regla general es que el cuerpo necesita una hora diaria por cada zona horaria para adaptarse completamente al nuevo ritmo.

Los efectos perceptibles de esto son muy individuales para cada persona. Cualquier viajero aéreo puede sufrir desfases horarios o *jet lags*, independientemente de su edad o estado de salud general. Los bebés son una excepción, ya que su reloj interno aún está en desarrollo y en las primeras semanas de vida todavía no se ha establecido ningún ciclo día/noche.

El único caso en el que es recomendable permanecer en la zona horaria de origen es si vas a realizar un viaje realmente corto, de uno a tres días como máximo. Esta es la estrategia recomendada para los miembros de la tripulación, pero si esto no es posible, períodos más prolongados de descanso y relajación pueden ayudar a aliviar los desfases horarios o *jet lags*.

Plan B

¿Aún estás motivado, eres ambiciosa, tienes muchas ganas de emprender y sabes exactamente que volar es tu objetivo profesional? ¡Excelente! Entonces, mantén encendido tu fuego interno y alimenta una actitud positiva hacia la aeronáutica. Sin embargo, no olvides tener un plan B, por si acaso. Quién sabe si después de unos años quieras seguir trabajando en esta área o sigas gozando de buena salud.

Incluso en este trabajo puede producirse cierto desgaste, al principio todo es emocionante y nuevo, pero después de un tiempo te acostumbras y la emoción desaparece. Cuando aterrizas por primera vez en una idílica isla de vacaciones, seguramente te dejarás llevar por sentimientos de felicidad y alegría, pero cuando regreses por enésima vez, te invadirá una sensación de familiaridad y, antes de que te des cuenta, ese paraíso comenzará a perder su atractivo.

De modo que, tómate un tiempo para pensar en lo que te gustaría hacer si algún día decides dejar tu trabajo en la aerolínea. ¿En qué sobresales, cuáles son tus cualificaciones y cómo imaginas tu vida después de la aviación?

Es natural que de vez en cuando queramos escapar, sin embargo, a veces esto no tiene nada que ver con aspiraciones profesionales reales, sino simplemente con un anhelo de cambio. Si rastreas cada uno de tus pensamientos hasta su origen, reconocerás tus anhelos, deseos y sueños. Ningún objetivo profesional debe considerarse mejor o peor que el anterior. Tú eres la única persona que sabe realmente qué es lo mejor para ti, qué empresa te conviene y qué experiencias buscas tener, pues cada una tiene su lugar y su valor, sabiendo que no todo en la vida puede ser sólo positivo. Nadie dice que será fácil, pero vale la pena aprovechar la oportunidad que se presenta. Cualquier cosa que quieras hacer en la vida vale intentar hacer el esfuerzo para alcanzarla.

Hay fases en la vida en las que algo viejo llega a su fin y te enfrentas a un nuevo comienzo. La mayoría de las veces, prevalecerá tu curiosidad por los desafíos que te esperan, pero incluso si tienes preocupaciones o inquietudes subyacentes, tener miedo no es una opción. Cuando tomes tu futuro en tus propias manos, estarás a punto de vivir tu mejor y más maravillosa vida.

Permite que tus sueños corran libremente. Toma tus decisiones con valentía y confianza. Decidas lo que decidas hacer, espero que salga bien. ¡Desde el fondo de mi corazón te deseo la mejor de las suertes y el mayor de los éxitos!

Tu piloto e instructor

Hans-Georg

Dedicatoria

Mi agradecimiento a todos los auxiliares de vuelo que, a través de su experiencia, conocimiento y disposición para brindar información, han hecho una valiosa contribución a la publicación de este libro. Las sinceras palabras de sus citas y entrevistas ofrecen auténticas ideas y apasionantes perspectivas.

Mi agradecimiento también va dirigido a todos aquellos miembros de tripulación que, con sus sonrientes rostros, hacen que la permanencia a bordo de sus pasajeros sea lo más agradable posible. Sin ustedes, el transporte aéreo no sería lo mismo.

¡Gracias!

Sobre el autor

Hans-Georg Rabacher, nacido en 1982, es piloto comercial y de líneas aéreas, empresario y autor. Durante su infancia y juventud descubrió su pasión por la aviación. Como piloto, vuela con regularidad a destinos internacionales y cuenta con muchos años de experiencia en muchos tipos de aviones, entre ellos el exclusivo jet privado y de negócios »Bombardier Challenger 350«, así como en aviones de pasajeros de la »familia Airbus 320«.

En el transcurso de su carrera como piloto, Hans-Georg Rabacher trabajó de instructor de vuelo en diferentes empresas de formación, incluyendo seis años en la gerencia de una de las escuelas de vuelo más grandes de Centroeuropa. Fue miembro del comité de selección de una aerolínea, participando en la evaluación de futuros pilotos.

El autor transmite su conocimiento y entusiasmo por volar a las personas jóvenes asesorándolas profesionalmente. Además de su función como piloto de control, hasta hoy en día sigue trabajando de profesor y conferenciante en la formación de auxiliares de vuelo, de pilotos privados y profesionales, y también de futuros instructores de vuelo.

Embarque y póngase el cinturón. Despegamos.

¿Se ha preguntado alguna vez por qué la ventana de su avión tiene un pequeño agujero?

¿Por qué motivo usted nota sus movimientos intestinales justo cuando está en el aire?

¿O también si las turbulencias son de verdad tan peligrosas como parecen?

Sería fantástico obtener respuestas a estas preguntas directamente desde la cabina de vuelo... ¿No es posible? ¡Claro que sí! El veterano piloto Hans-Georg Rabacher le invita a subir a bordo y le ofrece una introducción fascinante al mundo de la aviación.

Las áreas temáticas del libro, explicadas de manera comprensible, son ideales para todos aquellos que se interesen por la navegación aérea. Aunque usted aún no haya volado jamás o se suba a un avión regularmente: ¡Hay muchos detalles interesantes por descubrir!

VOLAR
Respuestas desde la cabina de vuelo

ISBN Tapa blanda: 979-8-335494-36-6
ISBN Tapa dura: 979-8-335494-54-0